别等了，
快做自己
该做的事

周乔蒙◎编著

哈尔滨出版社

H.P.H

HARBIN PUBLISHING HOUSE

图书在版编目（CIP）数据

别等了，快做自己该做的事 / 周乔蒙编著.—2版
.—哈尔滨：哈尔滨出版社，2019.5
ISBN 978-7-5484-3089-6

Ⅰ.①别… Ⅱ.①周… Ⅲ.①成功心理－青年读物
Ⅳ.①B848.4-49

中国版本图书馆CIP数据核字（2019）第030472号

书　　名：别等了，快做自己该做的事
BIE DENG LE, KUAI ZUO ZIJI GAI ZUO DE SHI

作　　者：周乔蒙　编著
责任编辑：杨浥新　李英文
责任审校：李　战
封面设计：上尚装帧设计

出版发行：哈尔滨出版社（Harbin Publishing House）
社　　址：哈尔滨市松北区世坤路738号9号楼　　邮编：150028
经　　销：全国新华书店
印　　刷：哈尔滨久利印刷有限公司
网　　址：www.hrbcbs.com　　www.mifengniao.com
E-mail：hrbcbs@yeah.net
编辑版权热线：（0451）87900271　87900272
销售热线：（0451）87900202　87900203
邮购热线：4006900345　　（0451）87900256

开　　本：787mm×1092mm　　1/16　　印张：13　　字数：189千字
版　　次：2019年5月第2版
印　　次：2019年5月第1次印刷
书　　号：ISBN 978-7-5484-3089-6
定　　价：35.00元

凡购本社图书发现印装错误，请与本社印制部联系调换。

服务热线：（0451）87900278

生命是体验，不是理论。它不需要被定义，也不需要被解释。它以繁荣的姿态存在，你只需要去经历、去享受，便能乐在其中。

关于我们该做的事，每个人都有自己不同的看法。在人生的不同阶段，我们该做的事情当然也不尽相同。在学校，作为一名学生，我们该做的事情是学习。当我们走出校园、走进社会，没有课程表要求我们在接下来的时间里做什么，便会有些茫然若失。这就要求我们对自己的人生要有一个很好的规划。

本书从成长、生活、梦想、亲情、友情、爱情这六个方面出发，旨在为大家提供一些关于人生的规划建议。人生短暂，怎样才能做到不辜负这仅有的时光，这是我们每个人都要考虑的问题。面对社会的竞争和压力，是不是还能够拥有一个良好的平静的心态，对于生活在大城市的人们来说是很重要的。

能在生活节奏快速的社会中独享一份心灵的宁静，这应该是很多人的梦想吧。因为生命本身就是一种神秘的存在，而不是一个谜语。谜语有谜底，是可以解答的东西，神秘不是。神秘是那种需要你思索、探究、参悟的东西。有人说，人生最基本的事情，就是不要将你所做的事情划分为美好的事和愚蠢的事，或者值得的事和不值得的事。根本无须划分，因为它们都是组成生命整体的部分。

生命只有一次，人生无法返航。人生在世，你唯一的真正的责任就是让你的生命圆满。体验该体验的，经历该经历的，探索你迷惑的，一样也不要落下。不要等多年以后，后悔年轻时没有做的事情。只有将生命本该经历的事情都——经历过之后，才可以在年老之后，怀念没有遗憾的岁月。

不要犹豫，请享受生命吧。也许你会遇见悲伤，但是前方还有喜悦在等待你。不要把自己束缚得紧紧的，不要活在别人的眼光里。永远不要舍本逐末地生活，无论我们是否愿意，总有一日，我们会离去。有很多意想不到的事情可能随时会让生命戛然而止。那一天到来的时候，谁能理清自己的一生做了多少有意义的事情，留下多少未了的心愿。

生命永远都不够长，无论何时，人们都觉得还有很多事情要做。请把本书当做你的导航仪吧，如果已经完成了某件事，就在那页上做一个标记，也许这本书会陪伴你一生。让它做你的密友吧，在孤独时陪你走一段人生的旅途。

第一章　成长——化茧成蝶的疼痛与喜悦

第二章　生活——把握属于你的美

第三章 梦想——如烟花般灿烂和易逝

第四章 亲情——最伟大的给予和热爱

第五章 友情——一个像夏天，一个像秋天

第六章 爱情——相知相守，温暖如你

第一章

成长——化茧成蝶的疼痛与喜悦

重回童年居住的地方

小时候

乡愁是一枚小小的邮票

我在这头

母亲在那头

长大后

乡愁是一张窄窄的船票

我在这头

新娘在那头

后来啊

乡愁是一方矮矮的坟墓

我在外头

母亲在里头

而现在

乡愁是一湾浅浅的海峡

我在这头

大陆在那头

《乡愁》——余光中

从古至今，游子思乡的故事太多了，但是每一个故事都有着自己的独特情感，我们从不因为故事情节的雷同而感到苍白。所谓故乡，那是我们在离开之后才拥有的地方。我们为之失眠，就算睡着了也会在梦里相见，这就是故乡的魅力。它也许只是一个简朴的乡村，可是你怀念它泥土的芬芳。回一次故乡吧，回到童年居住的地方。圆自己一个梦，走一段儿时走过的路，而记忆中那个懵懂的少年已成为如今的成熟模样。

看过一段话，是一封写给即将回家乡的友人的信：

请你，请你买一张赴吾乡的车票，请你，请你买一顶手编的草帽，然后，请你在车站转角，那常穿退色唐衫的阿伯处买一串荔枝，我知晓，现在是荔枝时节。再然后，请你，不要乘车，戴着草帽步行过喧闹肮脏泛着污水的露天小菜场，拐过卖卤味牛肉面的老王的面摊儿，到吾家，不必敲门，请唤声："阿朗伯仔！"那是吾爹，请将荔枝留下，陪他老人家饮一杯茶。再请你转到邻舍，看有一年轻的妇人，粗陋、衣衫简朴的妇人，她是吾初恋的爱人，看她是否仍有健康甜美的笑靥，是否又为她的丈夫增添了儿子。请你，请你为我做这些，寄上费用20美元。谢谢。

一封简单的信件，交代了几件琐碎的小事。可是这些平常至极的事情在游子的心里却是如此重要。我相信他一定是含着泪写完这封信的。也许那泪水还会滴落到信纸上，洇湿了那工整的钢笔字，也打湿了游子的心。

思乡是一件浪漫的事，有多少文人为此写下流传千古的绝句。最爱纳兰性德的那首《长相思》：

山一程，水一程，身向榆关那畔行，夜深千帐灯。

风一更，雪一更，聒碎乡心梦不成，故园无此声。

纳兰性德身在营帐，身边有的只是风雪、只是塞外皎洁的明月。那么"故园"此时已经在安静中沉沉睡去了吧。不知道是因为思乡而难以入睡，还是因为难以入睡而思乡。只是失眠好像是游子们的通病了。

"回到故乡，去采撷你多年不见的信物吧！"周国平先生如是说。游子怀念的是故乡春天的桃花、想念的是桃花树下一起嬉戏的好友。还有那夏天的荷塘、蝉鸣，以及暴雨突至，和好友一起被淋湿的畅快。而如今，故乡越来越远。并不是路程艰难，只是在城市中，渐渐忘了回家的路。

收拾心情，回一次家乡吧。只带简单的行李，却要装上满满的思念。坐最慢的火车，不为别的，只为能体会那回家的风景。走一走泥泞的小路，让自己的脚上沾满家乡的土，让自己身上充满家乡泥土的芳香。去田地里摘一朵野花，感受它蓬勃的生命力和朴实的热情。帮助邻居干一干农活，体会丰收的乐趣。

大城市的农家饭越来越多，可那不是家乡，那里没有家乡厨房飘起的轻烟，没有刚从菜地里摘来的新鲜蔬果。旅游路线图上标明的也不是家乡，那里没有自己的小院，没有院子里那棵陪你长大的石榴树。当家乡被贴上各种商业化的标签以后，有人迷失在这貌似家乡的异乡。

人们常说，"落叶归根"。可是为什么只有在年华老去的时候才能想起回家呢？不如就在这个假期，回到童年居住的地方，看看那可爱的伙伴如今是什么模样，看看初恋的她是否还有那可爱的笑颜。回去吧，家乡始终会宽厚而温存地迎接你。

寻找失落已久的童心

　　小男孩啊，我失去了你，你的爽快的笑和无视疼痛的精神都跑到了哪里？你尽情地玩、尽情地闹，无忧无虑；你捉青蛙，心跳不停，硕大的青蛙使你的小手望尘莫及。你同小伙伴在寂静的森林中漫游，被乱窜的豪猪吓得不敢喘气；冷了点堆火，饿了用树叶充饥；你无暇思考。瞧！前面又有一株长着刺的药用蜀葵；当与朋友走散时，口袋里的大折刀为你鼓足勇气；老朽的枯木旁藏着鲜艳的花朵；小猎狗兴高采烈，舔你的手指，咬你的牛仔裤。还有那没曾想到的足球赛，一罐果汁和蟋蟀的歌唱。你何时失去了天真的感觉，年轻的心不再容易颤抖。大人的沉闷、登山的恐惧和世俗的吵闹，去哪里寻找生活的意义？越是苦苦追求，越是得不到，追求的痛苦反而使你远离童年的乐趣。

　　　　　　　　　　《小男孩啊，我失去了你》——詹姆士·科瓦诺夫

　　在不知不觉的岁月中，我们丢掉了曾经的自己，丢掉了那个勇敢天真的自己。我们都曾有过如水晶般透明的心，只是我们在经历了无数世态炎凉之后，变得麻木和混浊。梁启超说过："老年人常思既往，少年人常思将来。惟思既往也，故生留恋心，惟思将来也，故生希望心。"也许人都会在长大之后怀念儿时的自己，怀念那岁月中自己的无忧无虑。塞尚说："天真淳朴地接触自然，那是多么困难呀！人们须能像初生小儿那样看世界。"我们习惯了用世俗的眼光看待这个世界，我们习惯了自我保护似的说话和做事，早已忘了儿童是怎样单纯和勇敢。

　　还记得那篇叫《皇帝的新装》的童话故事吗？安徒生为大家讲述了一个如此荒诞的故事，可是在这故事背后我们又看到了些许的辛酸。一个国

家的人都在说着口是心非的假话，只有纯真的孩子说出了事情的真相。到最后安徒生也没有告诉我们故事的结局是什么，而那个孩子的命运如何我们也不得而知。善良的人们都希望那个昏庸的皇帝了解了事情的真相，骗子被抓，那个单纯勇敢的孩子得到嘉奖。但愿这个纯真的孩子没有受到惩罚，那么他就会保持一颗纯真的心，真诚地活下去。而那个国家的人也都会向这个受到嘉奖的孩子学习，用一颗纯真的心来面对世界。

我们常常羡慕那些笑容灿烂、眼神透彻的孩子。孩子们在享受着人生最美好的时光。我们从他们身边走过，感叹时光流逝，感到年华易老。我们常说一切都回不去了，但是，回不去的只是容颜而非心态。我们不能改变容颜，但是我们可以改变自己的心态。谁说不能用一颗童心来看待世界呢？看看我们身边的朋友，那些时常开怀大笑的人是不是活得更开心一点呢？反而那些时常算计别人，斤斤计较的人过得并不快乐。

其实，我们每个人的内心仍然是一个天真的孩子，他喜欢在草地上打滚，不在乎把衣服弄脏和别人如何看待他。我们只是把那颗童心锁起来了，我们以为自己已经是一个成熟的大人了，不再需要幼稚的表情和行为。也许在深夜我们会偷偷地看一眼那落满灰尘的童心，但是为什么不再试着去感受和体验它呢？如果因为怕被别人笑话而假装成熟，怕被骗而不再天真，那么我们这样活着是不是也很累呢？

放下包袱吧，试着寻找那失落已久的童心，像天真无邪的小孩一样，真实地做自己。生活就是一场戏，而我们的任务就是演好自己。如果连自己都是伪装的样子，我们在这一生一次的舞台上还能留下什么呢？有谁会记得住我们的容颜和表情？摘下虚假的面具吧，真实地感受阳光、空气，感受来自朋友之间的关怀，感受一切真实的美好。

进行一次极限挑战

我还有一个毕生追求的目标，就是突破极限。然而这个目标对我来说就像是一个美妙的梦——我可以去幻想，但终究无法实现。并非是因为我不努力，而是因为极限实在像一个魔怪，总是站在我的肩上，我奋力登上东岳之顶、天姥之巅，却还有更高的位置。我想比它站得高，然后便不停地攀登，直到累得昏倒，才停下来做个好梦。

今生你至少要体验一次那种令你心惊肉跳、精疲力竭的感觉。挑战极限是人一生中最有成就感的事情之一。极限必定是一个难以达到的目标，而我们为了达到这个目标，必须付出很多汗水，甚至泪水。时下很流行的极限运动也因此受到很多人的追捧。

极限运动有以下几种：难度攀岩、速度攀岩、空中滑板、高山滑翔、滑水、激流皮划艇、摩托艇、冲浪、水上摩托、蹦极跳、滑板、轮滑、小轮车的U台跳跃赛和街区障碍赛等运动项目。挑战这些极限项目最需要的就是勇气了。也许在挑战者选择项目之前，我们都不知道这些项目有怎样的危险性，但是从我们选择了这个极限运动的那一刻开始，我们就选择了战胜自己。只有战胜自己的胆怯，才能迈出勇敢的脚步，也许这也是一种告别过去的形式。如何证明自己已经长大，如何证明自己是一个勇敢的人？用极限挑战来证明自己也许是最好的方法了。

看过很多在高空蹦极之前忍不住掉眼泪的人，我相信那并不是矫情或是伪装。当人站在高空中而没有任何依靠的时候，都会有一种莫名的恐惧感。即使身上有保险绳，但是还会担心自己会摔下去，粉身碎骨。也许此时好朋友陪伴在你的身边，你会紧紧抓着他的手，不想失去这唯一的温暖和支持。而此时我们要做的是战胜内心的恐惧，挑战极限的目的和意义也正在于此。当我们闭上眼睛，勇敢跳下去的一瞬间，所有的恐惧都烟消云散。我们会在坠落的过程中体会到飞翔的美好滋味，我们像小鸟一样张开双臂。也许只在这一瞬间，我们对未来、对人生都释然了好多。

著名的登山爱好者王石52岁时已经完成了登顶七大洲最高峰和到达南北极点的计划，他的下一步计划是在55岁到60岁之间环球航海一周；60岁时从珠峰南坡再次登顶，作为献给自己的生日礼物；60岁到65岁穿越三大沙漠……

他对自己的每一个计划都充满了信心，就算在攀登最高最险的珠穆朗玛峰时他也同样信心十足。在他的登山生涯中，他不止一次地遇到过生命危险，在一次攀登珠穆朗玛峰的时候，王石突然感到氧气不够，肺像要爆炸一样。对登山的人来说，氧气就意味着生命。当时王石立刻朝向导大喊：OXY！ OXY！ （氧气！氧气！）

向导示意他继续往上走，说上面有氧气。但翻过一个悬崖，并没有见到氧气瓶。此时王石处在极其危险的境地中：登顶，氧气不够用；下撤到有氧气瓶的营地，也不够用。登山队长当即指示王石下山，王石不甘心，他心一横：上！根据他的经验，一些登山者在登顶后的下山途中，为减轻负重会扔掉多余的氧气瓶。于是他每每看到沿途有氧气瓶，就拿起来掂一掂，如果氧气有余存，他就给自己换上。靠着这个方法，王石不但保住了生命，还成功登上了珠峰之巅。下山途中，他又靠这类氧气瓶"接济"，得以顺利返回。

在这次登顶之后，王石说："一个极限，你往往在一瞬间就放弃了，但就像这次一样，这并不是一个放弃就有氧，不放弃就没氧的选择，反正都缺氧，只不过危险性更大一点儿罢了。"这不仅仅是一条挑战身体极限的心得，王石还成功推行了一种以身体极限来思考人生的价值观。

著名学者周国平在对南极进行实地考察时写道："正是在逼近生命极限的地方，人的生命感觉才最为敏锐和强烈。"我们挑战极限，也是为了证明生命存在的价值，为了告诉自己，没有什么事情是做不到的，只是我们需要勇气。

读一本好书

关于读书的名言警句我们从来就不陌生，大文学家莎士比亚说："书籍是全世界的营养品。生活里没有书籍，就好像没有阳光；智慧里没有书籍，就好像鸟儿没有翅膀。"托尔斯泰也说过："理想的书籍是智慧的钥匙。"从文学大家的书中，我们能感受到的是世间百态和做人的态度，读一本好书，是成长过程中不可或缺的重要环节。

一直以为读书是一件适合寂寞的人做的事，嘈杂的环境不适合读书，浮躁的人也不适合读书。读书需要到安静的图书馆去，坐在满满的书堆中，仔细品味书上的每一个字，认真体味作者想要表达的情感和意图。在午后的阳光中，捧一杯香茗，读一本好书。这样的情景在现在快节奏的生活中变得不现实。人们更热衷于上网浏览网页、玩游戏、聊天，很少有人还会在周末的时间去读一本好书。

阅读，应该成为我们生活的一部分，正如美国第三十二任总统罗斯福的夫人说的那样："我们必须让我们的青年人养成一种能够阅读的习惯，这种习惯是一种宝物，值得双手捧着、看着它，别把它丢掉。"当我们沉浸在书中的时候，我们就会体味到那种阅读的乐趣和让人流连忘返的滋味。

如果一天只有半个小时来读书，那么读完一本好书最多只需要一个月的时间，我们在这一个月的时间里，充分享受读书带给我们的乐趣，充分吸收了书本里的知识和意义。而我们需要的就是决心，不管有多忙，都要抽出半个小时的时间来读书，一旦开始阅读，这半个小时的时间就不能浪费。把所有的心事都放下，腾出一点空间给即将阅读的这一本书，让心平静地感受这本书的内涵。因为书籍是无价的宝库，它能启发我们、鼓励我们，并且为迷茫的我们指引正确的方向。

读书是有关灵魂的事情，每一本书都是一个黑字印在白纸上的精灵，只要眼睛、理智接触了它，它就活起来了。当你心生烦恼时，当你形单影只时，在你受到委屈时，请把适合这时候阅读的书籍找出来，跟随书中的情境，找出适合自己走的路。

书籍是滋润灵魂的精神食粮，它让我们的灵魂充实而有光亮。不论是读一本好书还是读一千本好书，我们的内心都会因为读书而坚强和豁达。培根说："读史使人明智，读诗使人灵秀，数学使人周密，科学使人深刻，伦理学使人庄重，逻辑修辞学使人善辩。凡有所学，皆成性格。"读什么样的书就会成就什么样的性格，这也正是我们读好书的一大原因。

高中的时候，从图书馆借来安妮宝贝的书，藏在课本底下，偷偷地读，常常想象着那个穿纯白色棉布裙子的女生就是自己，思想也跟着安妮宝贝偷偷地溜走好远。就是写作文的风格也和她有几分相似了，敏感的语文老师说："还是读一读三毛的书吧，她是一个积极又温暖的女子。"也许，那时候的自己并不能读懂安妮宝贝的文章，只是很自然地被她吸引。

读一本自己喜欢的书吧，让浮躁的心沉静下来，然后用钢笔记录下自己的感受，工整地写下某年某月某日你有怎样的心情。

完成一次毕业旅行

但是都已经都已经来不及　曾经坚持的约定
现在谁还履行　错过的风景以及爱情　亲爱的你　碰不到节庆
也没有烟火游行　不常有流星　没太多的任性
我会适应这爱情的毕业旅行

《毕业旅行》——黄湘怡

　　六月的校园，永远充满了伤感。毕业是一个无法回避的问题，青春最难承受的就是这样撕心裂肺般的分离。仿佛昨天还很青涩的我们才相遇，今天就唱着歌流着泪分离。我们难免埋怨时间的手，把相遇写成相遇过。一起吃饭、一起上课、一起坐在图书馆看一本关于爱情的小说；一起逛街、一起唱歌、一起躺在床上听一首叫《朋友》的歌；一起为收到男朋友的礼物高兴过，一起因为失恋抱头痛哭过。我们就这样牵着手走过四年的路，我们在走最后一程，毕业旅行之后，就是天涯海角，各奔前程。

　　有人说过，"在一个人的生命里，所有遇到的人皆是路人，只是离别的早晚不同罢了"。选一个风景优美的地方，和寝室好友结伴而行。珍惜这在一起的最后时光。在陌生的城市开怀大笑，在陌生的街道一起拍照，然后笑着说再见，也许这句再见真的就是再也不见了呢。

　　"四川这片土地我还不熟，我们还没有见过它的多种面貌。"她们的出发点很简单。两个月前，在整理照片时，"毕业旅行"4个字跃入了她们的脑海。她们立即与朋友们商量，在6月份进行一次毕业旅行。有这种想法的人很多，同寝室的、同班好友，还有社团的朋友。

　　1个月过去了，眼看要毕业了，时间却变得奢侈起来。找工作的、准备出国的、搬出去实习的,宿舍里的人很难聚齐。毕业旅行变成了一件麻烦事,一开始决定去旅行的人很多都退出了"阵营"。

协调时间、查找路线,最终成行的只有3人,5月底,路线和时间决定好了,6月中旬至下旬,背包去川西高原。

为了旅行,她瞒着父母,推掉了已经经过初试、面试的一家不错的公司。"他们坚决要求我21日去报到、正式上班,可时间和旅行冲突了。"而且因为旅行无缘和全班同学一起享受毕业聚餐,只能和寝室里的同学小范围聚一聚。

6月15日,她们背着大书包出发了。这段9天8夜的旅程,爬上海拔4298米的折多山、在稻城县的草地里飞奔,她们很享受。在康定住的登巴客栈,是当地有名的"驴友之家"。客栈主人长期不在,全靠前期到达的驴友来招待后到的驴友。在这个温暖、随意的客栈里,驴友们给她们泡方便面,告诉她们哪里好玩,去哪里可以坐车。

她们的毕业旅行花费了2000多元,其中800元是一个朋友资助的。这个朋友已经毕业一年,在得知她们的毕业旅行计划时说:"我当年也应该做的,可惜没有时间做。资助你们,全当你们帮我去补做这件事了。"

选择用旅游来纪念我们的毕业季,告别我们的学生生涯,生活从此又是别样的风景。去参加一次毕业旅行吧,在路上把青春的美好再复习一遍,在路上把未来的前程再预想一遍。再紧紧地拥抱一次陪伴我们走过美好青春的朋友,再认真地看看他们那美丽的脸。用最灿烂的笑来纪念这最伤感的离别,然后转身背对着他们,朝着未来,大步走下去。

去游乐园坐一次旋转木马

拥有华丽的外表和绚烂的灯光，我是匹旋转木马身在这天堂，只为了满足孩子的梦想，爬到我背上就带你去翱翔。我忘了只能原地奔跑的那忧伤，我也忘了自己是永远被锁上，不管我能够陪你有多长，至少能让你幻想与我飞翔。奔驰的木马，让你忘了伤。在这一个供应欢笑的天堂，看着他们的美慕眼光，不需放我在心上。旋转的木马，没有翅膀，但却能够带着你到处飞翔。音乐停下来你将离场，我也只能这样。

《旋木》——王菲

关于旋转木马的回忆，最多的还是这首歌，一首让人安静、悲伤的歌。谁还能记得自己有多长时间没有去过游乐场了？谁还能记得自己有多长时间没有那么放肆地笑了？承载儿时美好回忆的旋转木马已经斑驳退场了。成长是件让人悲伤的事情，可是我们都无法与时间抗衡。

人们忙着学习，忙着考试，忙着恋爱，又忙着毕业找工作。唯独没有时间去看看现在的游乐场变成了什么样子，唯独没有时间去再坐一次旋转木马。很多时候，不是没有时间，只是觉得那都是小孩子的游戏而已。岁月在人们的皮肤上刻下痕迹，也在人们的心里挂满了锁。锁上了儿时的游戏，锁上了那时的小美好。如果成长是告别幼稚的话，那就再去一次游乐园吧，去坐一次久违的旋转木马，就算是一场隆重的告别也好。

音乐响起，旋转木马开始了新的一段旅程，它承载的也是新的游客和梦想。坐在旋转木马的背上，跟它一起前行，脸上不知不觉地洋溢着笑容。也许是想起小时候和爸爸妈妈一起来的情景，那时的自己也不过是个几岁的孩童，那时的父母还是那样年轻。熟悉的音乐、熟悉的场景和已经长大的自己。用物是人非这样的词来形容再恰当不过了。

每当音乐停下来的时候，无论怎样不舍，人们都必须重新回到现实。这也许就是人们陶醉于此的原因之一吧。像个美丽的梦，终有一天会醒来。人们脚步匆匆地赶路，而沿途的风景和当初的梦想都被远远地抛在脑后。何不让自己停一下脚步，看看身边的风景。

男孩是第一次骑木马，他非常紧张。可是他不愿意让别人看出他紧张，更不愿意让别人知道他是第一次骑，所以他只是紧紧地抓住木马的耳朵，两只手心早就攥出汗珠来了。木马们一高一低，一起一伏地向前跑去，其他的孩子都笑啊叫啊，只有他，紧张得早已说不出话来，只有睁大眼睛看着前面，数着时间。希望时间早点过去，三分钟早点到。

咔吧一声，很小的一个声音，在笑声中显得特别小的一个声音，只有他听见了，没有别人。于是孩子玩过木马后就说不舒服，大人们就领他回去了。一路上他很不爱说话，一回家就跑回自己的房间去，关上门。大人们也没有理会，毕竟带孩子玩也觉得辛苦。只有那只窗边的鸽子看到紧张得脸发白的孩子背靠着门，慢慢地展开手，手心里赫然是一只木马的耳朵。

原来他一不小心把木马的耳朵给掰断了。从这天开始，孩子就天天睡不好觉，他总是像听见了那只断了耳朵的木马在哭。他辗转，他不安。终于有一天，他实在忍不住了，就和大人说了这件事。大人们只是告诉他，公园的工人会管那只木马的，掰断了木马耳朵也不是什么大不了的事。就自顾自地走掉了。

孩子站在那里，不说话，只是低着头看着手里的木马耳朵，看了好长好长时间。晚上，他偷偷地跑到了公园。一只从路中间跑过的猫着实吓了他一跳，可是他还是没有停下脚步。哦，那只断了耳朵的木马还在那里，没有人管过它。孩子走了过去，他拿出胶水，把耳朵给木马粘上，又贴上一块止痛的膏药，再小心地缠上很多圈的绷带，最后结了一个漂亮的蝴蝶结。这时他长舒了一口气，准备离开了。就在这时候，奇怪的事情发生了。只见那只木马全身抖了一下，就变成了一只有生命的真马。它温柔地嗅了嗅孩子，就嗒嗒地跑出了公园，跑向了最辽阔的大草原，当然还戴着那个漂亮的蝴蝶结。关于木马的故事，好像都很美好，都和小孩子有关。也许从这个可爱的紧张的小男孩身上，我们都能找到自己的影子。自己第一次坐旋转木马的时候也是这样紧张不安。再次经过游乐场的大门时，停下脚步吧，像孩子一样拥抱久违的木马，给它讲一讲你的心事吧，它真的听得懂。

买个漂亮的笔记本，写日记吧

　　认真地写下日期和天气，然后跟随自己的思路去记录一些琐碎的生活片段。这些貌似没有什么意义的事情在多年以后也许就是最珍贵的财富。在某个下雨的夜晚，拿出自己多年以前的日记，发黄的日记本有着记忆的味道。

　　路过一家文具店，走进去看到一个漂亮的笔记本，毫不犹豫地买了下来，但是买过之后却不知道该写点什么。好像很久都没有拿起钢笔写一篇日记了。有人说记忆这东西是薄弱而短暂的。一些我们以为会念念不忘的事情，也会变得模糊起来。写日记吧，因为这是记录人生的最好方式。

　　那天晚上时间似乎过得很慢。我手里的故事书越看越乏味。妻子安娜好像也觉得厌烦，编织一会儿就停了下来。随后她走到书架前，看看最底层那长长一排装订简陋的书。

　　"想不想知道五年前的今天我们在做什么？"她打开手里的书翻看，"我们正在度假，在夏威夷住了两个星期。""真的？我忘了。""那天天气真好。"安娜说。她微笑着坐下，回想当日的情景。是的，我记起来了。我们坐在俯临海港水面的长凳上。泊在岸边的渔船，随波起伏。一艘渔船出来了，系在船坞内。我们朝船里望去，只见渔夫脚下有一只大篮子，装了半篮龙虾。海鸥在空中盘旋，又猛然飞向水面。蔚蓝的天空，点缀着棉絮似的朵朵浮云。安娜翻到下一页。"第二天我们坐船游览。记得吗？""记得很清楚，"我说，"我还记得我到深海去钓鱼那天，我们出海一整天，我钓到两条大鱼。"

　　安娜的日记使那可爱假期的每一天又都重现脑际。我们差不多每个月都拿出日记来看看，重温已经淡忘的快乐往事。她合上日记，从书架底层又取出另一本来，她25年来的日记都放在那里，记的是我们25年的共同生活。较旧的日记都用盒子盛着，放在地窖里。"20年前，"她说，"听着，杰克读暑期班，因为他英文不及格。他几乎每一科分数都很低。他带功课回家，结果只对着书做白日梦。"可是岁月如流水，人生多变。杰克现已结婚，有了两个孩子。他是个律师，有硕士学位，还有其他学术成就。他母亲和我以前都为他成绩不好担忧，还怕他将来事业难成。"露露12岁的生日会上，有15个孩子参加，都是女孩。"安娜念道，"她们傻笑、尖叫，低声说秘密。一个女孩打翻了冰淇淋，弄脏了衣裙。"那个时候露露只有12岁，现在露露已是成年妇人，有自己的生活和责任。我们坐下回想，这就是日记的力量：发人深省，记起过往的日子。

日记能帮助你保存记忆，记录你的心路历程，使你更加了解自己。人的一生短短几十年，我们能留下的又有什么呢？谁能证明我们曾经来过这世界？日记及自传是你一生经历的史志，可以是写来给家人阅读和消遣的，也可以是记载私下里最秘密的渴望和抱负。尚未写的空白页将是最和善最乐意听你倾诉的好友，等着你说要说的话，然后由你收起、锁上，始终默不做声。

但是，我们并不应该为了写日记而写日记。在对人生有所感悟的时候，在遇见一件让我们为之感动的事情的时候，用心去记录下这份感动，这样的日记才是我们生活的反映。

如果你想从今天开始写日记，去买一个漂亮的笔记本吧，认真地写每一个字，认真对待我们的生活。

叛逆一次，收获放纵的快乐

池塘边的榕树上，知了在声声地叫着夏天。

童年是一个天真烂漫的时代，没有压力，没有善恶之分，可以做任何你想做的事。每当我们看见天真烂漫的儿童在嬉戏，情绪就很容易被他们感染，也同他们一起快乐起来。其实我们也可以重拾一下童年的天真，在无关紧要时放纵自己，排遣抑郁。我们也可以在合适的场合，别出心裁地"坏"上一回，设计一个很有创意的恶作剧，当你在暗处看到所有人为此哭笑不得时，会有一种别样的成就感。

重新做一次天真淘气的孩子，做自己真正想做的事，毫无顾忌，真正让自己快乐起来。一个星期六的早晨，牧师在准备他的布道稿，他的妻子出去买布丁了。那时天在下雨，小儿子吵闹不止，令人讨厌。牧师在失望中拾起一本杂志，一页一页地翻阅，直到翻出一幅色彩鲜艳的大图画——世界地图。他从杂志上撕下那一页，再把它撕成碎片，丢在地上，说道："小约翰，如果你能拼拢这些碎片，我就给你5美分。"

牧师以为这件事会使小约翰花费上午的大部分时间，但是没过5分钟，就有人敲他的门，是他的儿子。牧师惊愕地看到那些小碎片捧在小约翰的手中。

牧师生气地问道："小约翰，你为何不去拼拢这些碎片？"

小约翰说："我为什么要去拼拢这些碎片？"

牧师说："是我让你这么做的，我是你的父亲。"

小约翰说："我觉得拼拢这些碎片是浪费时间，我有自己的世界，我要唱歌，而且我相信这个想法是正确的。"

牧师听完孩子的话，眼睛一亮，说："你替我准备好了明天的布道稿，你的确应该有自己的世界，我不应该把自己的想法强加给你，你去唱歌吧，孩子。"

小约翰违背了父亲的意愿，结果如愿以偿地唱了一上午的歌。

我们确实也应该像小约翰一样做自己真正喜欢的事，不要总刻意把自己装进套子里，为了迎合庄严、正统和虚伪的社会风范，压抑真正的自我，泯灭人性中应有的那份疯狂和反叛。

每个时代都在呼唤个性，而同时每个时代都排斥个性，标新立异者会被视为疯子，无拘无束的人会被视为反叛、浅薄、不可信任，人们会带着偏见和他交往。只有在经过一系列的冷落和挫折之后，率真的人才会知道"成熟"的重要性——如果没有重新制订游戏规则的实力，千万不要妄图打破现有的游戏规则。

很多女人从小就被塑型：当一个乖乖女孩，不能弄脏衣裙，不能大声叫嚷，不能一个人跑去旅行等等。长大了，又必须上大学、工作，按部就班，当了妻子与母亲后，更加不能异想天开，年复一年，岁月就这么平淡无奇地走过。

这样的生活是压抑、郁闷的，而长期的拘束会造成精神压抑，严重损害我们的身心健康。因此，人们渐渐意识到"休闲"的重要性。周末和节假日被充分利用起来。但是这种"绅士式"的休闲只能让紧张的大脑得到暂时的放松，而不能把藏在身心深处的隐患连根拔起。所以，我们需要更加有效的放纵方式。

假若你一直是个循规蹈矩的淑女，不妨选一个周末，穿上最流行最酷的牛仔服，去公园玩过山车，甚至蹦极，在大声尖叫中释放一直以来被压抑的情绪。这个社会提供给女人的空间还是很大的，你完全可以在不同时刻、不同场合，扮演不同的角色，生活是多彩的，你也可以释放另一个真实的你。

用相机记录经过的风景

最近一直想买一个立即成像的相机，用相机拍下自己喜欢的画面，不论是春天的小草还是秋天的落叶，不论是孩童的微笑还是老人的蹒跚，抑或是自己走过的一段路。

记得看过一个关于天安门前照片的帖子，帖子里语言不多，只是有一组一组的对比照片，全是在天安门前的合影。一组照片是黑白的旧照片，另一组是彩色的现代照片。照片的背景都是天安门，照片里的人也是一样的人，可是岁月改变了人们的容颜，如果不是有姓名注解，我们很难分辨出他们是不是同一个人了。很多人进行了跟帖，有位网友说："不知道为什么会哭？"也许是物是人非这种感觉让人无法理解，也许是感叹时光就这样悄无声息地走过了几十年。当初的孩童已经成为如今的沧桑模样。

记得小时候，父母都会带我和弟弟去拍照片，每年过生日的时候，打扮得漂漂亮亮地去照相馆拍一张合影。那时候并没有什么数码相机，拍完照片总要等上一个星期左右才能去照相馆取照片。那时候也没有什么PS技术，相片真实地记录了那个瞬间。父亲会在照片的后面用工整的钢笔字写下一段话，记录照片的时间和故事。家里有好几本影集，到现在还会经常翻看，那时候的妈妈好年轻，那时候的爸爸也是帅小伙。时间带走了那时候的我们，留下了照片作为证据。

著名的摄影师艾米丽·佐拉（Emile Zola)说："在我看来，某个东西你不把它拍下来就不能说你见过。"也许我们并没有摄影师那么专业，但是我们记录的是真实的生活。相片是除了文字以外的另一种语言和表达方式。

如果我们对生活有美好的回忆，那相片就是回忆的最好载体。我们不敢保证几十年后的自己还能和现在一样有很好的记忆力，当我们渐渐老去，我们需要一些物品来提醒我们，哪些人是多年的好友，哪些年我们去过哪些地方。

我们需要记录的是成长的时光。小学的毕业照你现在还有吗？还能记得照片里他们的名字吗？那些单纯的孩子而今身在何方？如果有些回忆是我们念念不忘的，在一二十年的光阴过后，你会发现，那些我们说着念念不忘的事情，就那样被我们忘记了。也许这时只有那些被你尘封在箱底的照片可以帮助你了。

时光最是无情，因为它永远没有办法回到过去。用相机记录下我们经过的风景吧，当然还有正在看风景的自己。

铭记一个值得铭记一生的教训

你得首先遭受挫折，然后从中汲取教训。大多数人由于不知道如何从错误中悟出道理，所以只是一味地逃避错误。他们却不知道，这种行为本身已铸成大错。还有一些人犯了错误却没能从中汲取教训，因而他们总是循环往复地犯着自己以前曾经犯过的错误。

那年她刚从大学毕业，分配在一个离家较远的公司上班。每天清晨七时，公司的专车会准时等候在一个地方接送她和她的同事们。

一个寒冷的清晨，她关闭了闹钟尖锐的铃声后，又稍稍赖了一会儿暖被窝——像在学校的时候一样。她尽可能最大限度地拖延一些时光，用来怀念以往不必为生活奔波的寒假。那天她比平时晚了十分钟起床，可就是这十分钟让她付出了代价。

那天当她匆忙奔到专车等候的地点时，时间已是七点十分。班车开走了。站在空荡荡的马路边，她茫然若失。

就在她懊悔沮丧的时候，她突然看到了公司的那辆天蓝色轿车停在不远处的一幢大楼前。她想起了曾有同事指给她看过那是上司的车，她想真是天无绝人之路。她向那车走去，在稍稍犹豫后打开车门悄悄地坐了进去，并为自己的聪明而得意。

为上司开车的是一位慈祥温和的老司机。他已从后视镜里看她多时了。这时，他转过头来对她说："你不应该坐这车。"

"可是我的运气真不错。"她如释重负地说。

这时，她的上司拿着公文包飞快地走来。待他在前面习惯的位置坐定后，她才告诉他说，班车开走了，想搭他的车子。她以为这一切合情合理，因此说话的语气充满了轻松随意。

上司愣了一下。但很快明白了一切后，他坚决地说："不行，你没有资格坐这车。"然后，用无可辩驳的语气命令："请你下去。"

她一下子愣住了——这不仅因为从小到大还没有谁对她这样严厉过，还因为在这之前她没有想过坐这车是需要一种身份的。当时就凭这两条，以她过去的个性定会重重地关上车门以显示她对小车的不屑一顾，而后拂袖而去。可是那一刻，她想起了迟到在公司的制度里对她将意味着什么，而且她那时非常看重这份工作。于是，一向聪明伶俐但缺乏生活经验的她变得从来没有过的软弱。她近乎用乞求的语气对上司说："我会迟到的。"

"迟到是你自己的事。"上司冷淡的语气没有一丝一毫的回旋余地。

她把求助的目光投向司机。可是，老司机看着前方一言不发。委屈的泪水终于在她的眼眶里打转。然后，她在绝望之余为他们的不近人情而固执地陷入了沉默的对抗。

他们在车上僵持了一会儿。最后，让她没有想到的是，她的上司打开车门走了出去。坐在车后座的她，目瞪口呆地看着有些年迈的上司拿着公文包向前走去。他在凛冽的寒风中拦下了一辆出租车，飞驰而去。泪水终于顺着她的脸颊流淌下来。

老司机轻轻地叹了一口气，说："他就是这样一个严厉的人。时间长了，你就会了解他了。他其实也是为你好。"

老司机给她说了自己的故事。他说他也迟到过，那还是在公司的创业阶段。

"那天他一分钟也没有等我，也不要听我的解释。从那以后，我再也没迟到过。"他说。她默默地记下了老司机的话，悄悄地拭去泪水，下了车。

那天她走出出租车踏进公司大门的时候，上班的铃声正好响起。她悄悄而有力地将自己的双手紧握在一起，心里第一次为自己充满了无法言喻的感动，还有骄傲。

从这一天开始，她长大了许多。

现在，她已经跳到另一家更大的公司上班。可是她一直非常感谢那位上司，是他给了她一帆风顺的人生以当头棒喝的警醒。她认为她的上司给了她两点教训：一是自己犯下的错误应想方设法自己去弥补，别人没有理由也没有责任为你分担；二是任何时候都不能忘记自己的身份，更不要轻易地对别人寄予希望，除非他想帮助你。

　　成功的人之所以能够拥有今天的财富，是因为他们比其他人愿意犯错误，并能够从中汲取教训。多数人要么不愿犯错误，要么一而再，再而三地犯着同样的错误却始终不能对其原因有所领悟。假如没有足够的犯错误的经历，或没有从错误中汲取教训，那么你的生命中就注定不会出现奇迹。

改掉一个坏习惯

　　一个动作重复21遍就会成为习惯。很多人对这句话并不赞同，一个习惯的养成是经过很长时间的重复而形成的。养成一个好的习惯是很不容易的，比之更难的就是改掉一个坏习惯。培根在《论习惯》中告诫我们："人的思考取决于动机，语言取决于学问和知识，而他们的行为，则多半取决于习惯。"你必须给自己一段时间，来改掉你的坏习惯，如做事拖拉、不拘小节，甚至吸烟等等，然后以更好的方式取而代之。

　　美国石油大亨保罗·盖蒂曾经是一个大烟鬼，烟抽得很凶。在一次度假中，他开车经过法国，天降大雨，他在一个小城的旅馆停了下来。吃过晚饭，疲惫的他很快就进入了梦乡。

　　凌晨两点钟，盖蒂醒来。他想抽一根烟。打开灯后，他很自然地伸手去抓桌上的烟盒，不料里面却是空的，他下床，搜寻衣服口袋，一无所获，他又搜索行李，希望能发现他无意中留下的一包烟，结果又失望了。这时候，旅馆的餐厅、酒吧早已关门，他唯一能够得到香烟的办法是穿上衣服，走出去，到几条街外的火车站去买，因为他的汽车停在距旅馆有一段距离的车房里。越是没有烟，想抽的欲望就越大，有烟瘾的人大概都有这种体验。盖蒂脱下睡衣，穿好了出门的衣服，在伸手去拿雨衣的时候，他突然停住了，他问自己："我这是在干什么？"盖蒂站在那里寻思，一个所谓有修养的人，而且相当成功的商人，一个自以为有足够理智对别人下命令的人，竟要在三更半夜离开旅馆，冒着大雨走过几条街，仅仅是为了得到一支烟。这是一个什么样的习惯，这个习惯的力量竟如此惊人的强大。没一会儿，盖蒂下定了决心，把那个空烟盒揉成一团扔进纸篓，脱下衣服换上睡衣回到了床上，带着一种解脱甚至是胜利的感觉，几分钟就进入了梦乡。

从此以后，保罗·盖蒂再没有抽过香烟，当然，他的事业越做越大，成为世界顶级富豪之一。

烟瘾很大，对任何人来说，都不是一个大的缺点。但保罗·盖蒂却坚持改变，这是因为他意识到了习惯的巨大力量。一位理智、成功的商人居然会为一支烟六神无主，如果是在休闲时间这倒没什么影响，如果是在谈一笔大买卖，这个习惯则会影响他的判断，进而影响整笔生意的完成。一个人要是沉溺于坏习惯之中，就会不知不觉把自己毁掉。

习惯的力量是巨大的，因为它具有一种贯性。它通过不断重复，使人们的行为呈现出难以改变的特定倾向。就像一句古老的箴言："习惯就像一根绳索。每天我们都织进一根丝线，它就会逐渐变得非常坚固，无法断裂，把我们牢牢固定住。"我们每天高达90%的行为是出自习惯的支配。可以说，几乎是每一天，我们所做的每一件事，都是习惯使然。

你不要对改掉坏习惯这一点既向往不已，又心存疑惑，生活里要改进的地方很多，只要你做了，就会达到目的。诚如奥利弗·克伦威尔于17世纪初曾经说过："不求自我提醒的人，到最后只会落得退化的命运。"这样的追求是永远都不该停止的。

不论是戒烟还是改掉其他的坏毛病，都是值得庆祝的一件事。试着用21天的时间再去养成一个好习惯。在成长的岁月中，改掉一个坏习惯真的很难能可贵。

学会道歉

向某位亲人承认自己的过错，并让他或她知道你了解他或她的感受，借此架起沟通的桥梁。

这过错不一定是最近才犯的，也许是多年前当你还小时所做的事，也许是道歉的对象早就忘了的事。向这个人提起此事并致上你的歉意，让他或她知道你希望借自己的认错以改善你们之间的关系。表达出你在事件当时的感觉，或者说出你现在道歉时的心情，这当然更好。

向某个人表示歉意——即使是为多年前的过失致歉——可以让你心中更有爱，使你不致成为因自尊而死不认错的人，如果一定要在爱与正义之间作选择，宁可选择爱。

我最近接到一个一位多年前曾为我做过事的女士打来的电话。这之前，我们早就没有了联系。她在电话里为某件以前我们共事时所发生的事道歉。我因此震惊不已，不仅因为我已经完全忘记了这件事，而且也因为这位女士在经过这么久的时间之后，还有勇气自暴其短，有勇气认错。

当你向某人道歉时，正表示出你生命中最重要的事：就是渴望伸出手，渴望与世界联系，渴望消除你与所关爱的人之间的分歧。

身为一位职业媒人，我一再听到人们对伴侣的要求。几乎每个人都希望自己的伴侣充满活力且身体健康、懂得如何照顾自己，而且不用烟酒或过量的饮食戕害自己的身体。

我绝不是说，不健康、有病或体弱的人，就不能爱或不吸引人。事实上，许多身患重病的人，据我所知，都是最具爱心、最关心人，且最体谅人的人。大多数人都以为健康就是身体没病没痛，所有的机能都运作良好。我则不这样认为。健康应该是你了解自己的身体——其中也包括心智与精神——而且你已尽可能掌握自己的保养状况。即使你身染绝症，你仍有选择的余地。一位我在某个团体所认识的女士得了癌症之后，我曾目睹她如何度过生命的最后一年。这期间，虽然她的肉体因为接受治疗而日渐瘦弱，但是她的心智和精神却健全如昔，从而感动了她周围的每个人。

同样的标准也适用于健康的人。他们或许有强壮的身体，却可能心智薄弱、精神委靡。他们也许染上毒瘾，也许心存愚昧的偏见，也许自私、鲁莽或粗心，也许误以为表面的健康就可以保证永远不会与他人或自己失去联系。他们错了。良好的健康是包括心理、情感及身体三方面的一种状态。这种状态既涉及可见或可感觉的部分，也涉及无法马上见到或感觉到的部分——譬如善良、人道的情怀或同情心。

根据我的经验，爱得深刻且透彻的人，都很健康。他们或许偶有病痛，但是大致上都不会疏于照顾自己的身体。他们不仅完全认识自己的个性，也完全了解自己的生理系统。

这些人知道他们的肉体关乎他们所作的人生抉择，关乎他们所选择的交往对象，也关乎他们表达爱的方式，而且还知道生命一直在回报他们。他们享有健全的人际关系、温馨的友谊，以及支持他们的家人。他们也知道自己在这整个过程中并不被动，知道自己拥有这丰富的一切，并不是由于"运气好"，而是因为他们努力去了解自己、重视自己的身体、用心注意生活中最美好的部分，以创造良好的健康状况，并且避免生命中不美好的部分——同时能原谅自己的不美好。

在爱情中，当你愈走愈深时，内在与外在的界限似乎就消失了。你看待自己身体的方式，到头来就是你对待别人的方式。这种方式可以由两方面运作：你可以通过自己与他人之间的互爱关系，去学习培养健康的习惯；你也可以根据自己的身体所发出的讯息，去学习爱得更彻底且更直接。与爱有关的任何事，都可以在你自己身上找到。是在你的眼里，而不是在你的情人的眼里找到的。

学会倾听更重要

倾听是一种交流，是一种亲和的态度，是我们了解彼此心灵、领略大自然的幽幽路径。

学会倾听是成长的必修课，学会倾听是我们走向成熟的必经之路。如果一个人只忙着诉说，那他永远不会感受到倾听的美妙。无论是倾听大自然的声音还是倾听好朋友的心事，都是一件幸福的事情。

一名画家一直想找到一处适合作画的处所。

他原本住在闹市区，画出的画极富生命力，很受那些名家的好评。之后他搬到市郊，画出的画动静融合，被人称赞。之后他搬到乡下，画出的画宁静祥和，自觉满意。之后他搬到深山，与世隔绝，期望画出令人震撼的作品，却画不出来了。

与其嫌四周环境嘈杂，嫌外面隆隆的机器声让你心烦不已，不如静下心来，倾听自然的声音：火车驶过的声音、汽车穿过的声音、建筑工地的声音、摊贩的叫卖声、孩子们的嬉笑声、主妇的谈笑声、市场里讨价还价的声音、物品掉落在地上的声音、小鸟的叫声、风吹过草原的声音、树木摇摆的声音、风儿在湖面徘徊的声音……

静下心来好好听听那些属于生命的声音吧！这些自然与人世的声音是如此动听。它们充实了生命，营造了生活。摒弃厌恶与抱怨的态度，用美好的心情仔细聆听，我们会发现生活的美好全都蕴涵在这声音里。

古希腊先哲苏格拉底曾说："上天赐人以两耳两目，只有一口，欲使其多闻多见而少言。"

倾听就像海绵一样，汲取别人的经验与教训，使你在人生道路上少走弯路，经过你有目标的艰苦奋斗，使你能顺利到达理想目的地。

倾听是你成熟的表现，当年的秦王认真倾听了商鞅的变法主张，秦国很快成为七国之首的富强国家，为统一全国奠定了基础。刘皇叔因为三顾茅庐，认真地倾听青年才俊诸葛亮的三分天下论，刘皇叔纷纭的眼前顿时拨云见日，孔明给他指出了一条宽广道路，使刘皇叔明白了奋斗目标，最终成就三分天下。

认真倾听别人的倾诉虽是细节，但却体现了你谦逊的教养，能展现你的素质。任意打断别人的谈话既表现出你对别人不尊重，也暴露出你的素养粗野与品位低下。但在倾听那些狂妄之徒的恶语废言时，你得有耐心，因为那是你认识妄自尊大者的难得机会。

被誉为当今世界上最伟大的推销员的乔·吉拉德在回忆往事时，他常念叨如下一则令其终身难忘的故事。

在一次推销中，乔·吉拉德与客户洽谈顺利，正当看样子就快要签约成交时，对方却突然变了卦——快进笼子的鸟飞走了。

当天晚上，按照客户留下的地址，乔·吉拉德上门去求教。客户见他满脸真诚，就实话实说："你的失败是由于你没有自始至终听我讲话。就在我准备签约前，我提到我的独生子即将上大学，而且还提到他的运动成绩和他将来的抱负，我是以他为荣的。但是你当时却没有任何反应，而且还转过头去用手机和别人讲话，我一恼就改变主意了！"

这番话重重地提醒了乔·吉拉德，使他领悟到"听"的重要性，让他认识到如果不能自始至终倾听对方讲话的内容，认同顾客的心理感受，难免会失去自己的顾客。

当松下幸之助被问到他的经营哲学时，他只有简单的一句话："首先要细心倾听他人的意见。"拿出自己的真诚来倾听，让诉说者感受到我们的诚意，与会倾听的人做朋友也是人生的一大乐事。

学会在各种压力下生活

"世界上不存在没有任何压力的环境。"美国国家精神健康研究所的菲利普·戈尔德博士说。大多数的人认为压力乃是一种消极因素,殊不知压力在某种意义上也有其积极的一面。生活在没有压力的环境中是不可想象的——就好比幻想在没有摩擦力的情况下行走,或如同在没有路面支撑力的情况下骑自行车一样——是绝对不可能的。

大自然是绚丽无比的,生活是丰富多彩的,这一切都给我们无尽的启迪和感悟。我们常常叹息失去的太多,却没有发现失去的同时,又得到了许多,失与得是相辅相成的。我们也常常抱怨压力太大,却不曾知道压力越大,动力就越大。在承受压力的同时,我们又何尝不是在努力呢?人们常常不愿意承受,总在逃避,他们不愿背负。我想说:"学会承受,便可以撑起一片蔚蓝的天空;学会承受,就是学会面对生活,生活中总有一些挫折,我们必须勇敢地面对一切。"

当今的社会是一个处处充满竞争的社会,你也许总感觉到充满压力,那么当你的生活充满挣扎与奋斗的时候,当你觉得自己随时怒火待发的时候,当你随时准备应付你的上司、你的孩子,或那头即将翻过山头并危及你生命的猛虎的时候,何不趁机学习一下如何放松?

放松包括各种因素。首先,就是你的呼吸。要注意呼吸的深浅与频率。如果你学会深呼吸,你会发觉自己比较不容易紧张。其次,放慢脚步。任何必须做的事,都没有你想象中那么急。如果你发觉自己总是匆匆忙忙的,那么,你不是任务太多,就是没有把时间安排好。在这种情况下,你就要重新审视自己承担了多少工作,或你的时间都花在了什么地方。

凡事都从容进行。不管做任何事,都要全心全意且全身投入。要花时间与所爱的人或可以同乐的人相处。如果你觉得与伴侣和孩子们在一起很快乐，就跟他们一起玩，而且把这种互动当做日常生活的一部分。如果你仍单身或没有孩子，可以与志趣相投的朋友共度休闲时光，让别人分享自己的一切，参加某项活动或做一顿饭请别人吃。你们可以一起去打保龄球、参观博物馆，或逛跳蚤市场。你还可以参加一些不太花钱的活动。

倾听自己的身体所透露的讯息。如果身体告诉你放慢脚步，你就要把脚步放慢。如果你渴望有良好的表现，就腾出时间去做。如果你常有这种渴望，那就表示你可能需要有良好的表现。如果你整天无所事事，并且想要再出发、想要进取，当然就要这样去做。

尖叫未尝不是一个发泄的好方式，是一种减压的方式。找个机会宣泄积聚多时甚或多年的郁气——如果你喜欢这种缓解紧张的方式，也可以天天做。如果你怕别人听到并且以为你情绪失控，因此找不到地方做这件事的话，也可以试试淋浴。要不然，就埋在枕头里尖叫。这样做可以让你得到发泄之后的各种好处，而且没有任何坏处。在你释放出压力之后，不但毫发未损、安然无恙，而且觉得自己脱胎换骨、焕然一新。

无论你选择什么样的发泄方式，只要适合你自己，就是最好的选择，因为我们必须要学会在各种压力下生活。

无论何时何地，注重自身形象

不管是在公共场所，还是在私人聚会，只要你与人进行交往，你的穿着打扮、言谈举止等外在形象就会出现在他人的眼里，并留下深刻印象。可以说，一个人外在形象的好坏，直接关系到他社交活动的成败。

一个人的外在形象主要是指一个人的体形、肤色、面容、服饰、风度等。之所以说我们在任何场合都要注重自己的形象，那是因为好的形象会给自己带来意想不到的收获。想要有一个好的形象就要注意以下几点：

（1）解决好形象的"焦点"问题

服饰、仪表是首先进入人们视线的，特别是与人初次相识时，由于双方不了解，服饰和仪表在人们心目中占有很大分量。

穿衣服要合体，这是最基本的要求。只要是适合自己体形，漂亮又有新意的衣服，就应当大胆穿。服饰的个性，也能让人判断出你的审美观和性格特征。服饰式样过时，人家会认为你刻板守旧，太过超前会让人觉得你轻率固执、我行我素，这两种情况都会让人得出"此人不好接近"的结论，自然会影响社交中的形象。

（2）让你的言谈举止"放大"形象

言谈举止是一个人精神面貌的体现，要开朗、热情，让人感觉随和亲切、平易近人、容易接触。

言谈要有幽默感。在社交中，谈吐幽默的人往往取胜，没有幽默感的人在社交中往往会失败。在交际场合，幽默的语言极易迅速打开交际局面，使气氛轻松、活跃、融洽。在出现意见有分歧的难堪场面时，幽默、诙谐便可成为紧张情境中的缓冲剂，使朋友、同事摆脱窘境或消除敌意。此外，幽默、诙谐还用来含蓄地拒绝对方的要求，或进行一种善意的批评。平时应多积攒一些妙趣横生的幽默故事。

（3）充分展示性别美。

男士切忌流露出狭隘和嫉妒的心理，不要斤斤计较，更不要睚眦必报。男人的性别美，是一种粗犷的美、有内涵的美，真正的男子汉应该有性格、有棱角、有力度、有一种阳刚之气，而那些扭扭捏捏的奶油小生则让大多数人难以接受。

女性美普遍被人认可的形象一直是娴静的、温柔的、甜美的。女性容貌清秀，线条柔和，言谈举止中所散发出来的脉脉温情强烈动人。交际时，女性如能巧妙地利用自己的性别特点，表现得谦恭仁爱、热情温柔，一般总能激起男性的爱怜感和保护欲。女性自然的柔和所产生的社交力量，有时比"刚强"的力量要大得多。

（4）发挥"二号微笑"的魅力。

舞蹈演员在舞台上表演轻松欢快的舞蹈时，要保持"二号微笑"。所谓"二号微笑"，就是"笑不露齿"、不出声，让人感到脸上挂着笑意即可。保持"二号微笑"，让人感觉心情轻松，又比较愉快。

在社交场合，微笑可以吸引别人的注意，也可使自己及他人心情轻松些，"笑眯眯"的人总是有其魅力的。

注重自己的形象，不仅仅是一种爱美的体现，同时也表现出对他人的尊重。就算是比尔·盖茨这样的名人也会因为形象的好坏而受到影响。有一次，他将在拉斯维加斯发表演讲。自知演讲不是他的强项，为了使自己以更好的形象出场，使演讲产生更大的影响力与传播力，他专门请来了演讲博士杰里·韦斯曼为自己的演讲作指导。

韦斯曼在演讲辅导方面是一位专家，经验非常丰富，曾经帮助几个大公司的高层经理克服演讲的恐惧感。他从盖茨的演讲词到手势、表情，都作了重新设计，他们在一起排练了12个小时。结果，盖茨的这次演讲让熟悉他的人非常吃惊。

只见盖茨一改往日懒散随意的形象，身着一套非常昂贵的黑色西服，他那又尖又直的嗓音虽然无法改变，但丝毫没有影响他的演讲效果。这场主题为"信息在你的指尖上"的演讲传遍美国，获得了巨大的成功，他的形象魅力值也迅速得到提高。

　　如此看来，不管我们身居什么样的地位，都要注意自己的形象。而注意形象带给我们的是更好的人气和前途。从现在开始，告别过去的自己，做一个形象好、气质好的新青年。

第二章

生活——把握属于你的美

坚持尽可能说真话，包括对孩子

当你表里一致时，生活就会变得出乎意料的容易。当你认为"是"时，就说"是"；当你认为"不"时，就说"不"；当你认为"也许"时，就说"也许"；当你认为"我不知道"时，就说"我不知道"，这是十分重要的。但是你会很惊讶地发现，对大部分的人来说这样做是很困难的。向来被教导必须与人和平相处的观念，无形中会形成一股压力，使我们去顺从、取悦他人。只说你认为别人想听的话——我们在很小的时候就学到了这点。如此，冲突、不愉快，或敌对就可以避免了。随着我们渐渐长大，它就变成了一种生活方式。同时，也是一种负担。

事实上，说话算话、信守承诺和为你的行为负责，能够减少很多生活中的困难。并且，因为你不会一直想到你做过的、没做过的、应该做的，或觉得对某事有罪恶感，而有更多的时间休息、放松和玩乐。

即使你最初的动机是怕孩子们知道真相后会觉得很痛苦，但是你还是要直言不讳。你不必说明残酷的细节，但是与其让他们心存怀疑，或知道真相后你仍然保持一副无事的样子，倒不如早些亲口把事实告诉他们。如果你没有小孩，也可以学着对父母说真话，或坦白面对一些与你亲近的小孩。

孩子多大都没关系，不论他们是很小的孩子、青少年或已育有小孩的大人，你都可以让他们知道真相。让他们知道祖母病了，而且可能不久于人世；或让他们知道家里在经济上有麻烦，因此可能马上就要搬家；或让他们知道你的婚姻出现问题，而你虽然很爱他们，但是可能即将分开。

孩子们在感情上比大人想象中的要坚强。每一个人在每一种年龄，都自有一种处理感情的能力，而且总能依情况处理。别以为隐藏冷酷的事实真相，就可以"保护"你的孩子——这样做，常常掩饰一个事实：你想保护你自己。而且你如果这样做，还可能伤害孩子，因为你等于暗示，住在一个事事皆美好的"梦幻世界"比较好——即使你自己和孩子们都知道实际上并非如此。如果你能以一种负责任、适当的态度谈论金钱、性或死亡，孩子将会带着更大的信心及更多真实的知识去面对他的人生。

对孩子隐瞒事实，也可能让他们产生错觉，误以为你是完美的，坏事都不会发生在你身上，而且也误以为你要他们对你保持这种想法。要实实在在地让孩子知道真相，以身教让他们知道，人之所以为人，有一部分是由于人有小毛病、有缺点、有逆境，而且人生有许多必须面对的问题。

我当然无意建议你把孩子变成你的精神治疗师。让孩子承担你的问题是不健康的。我的意思是说，孩子所知道的，比你想象得多，如果你揭露真相，你等于在帮助他成熟，在培养他面对现实的能力。

带着微笑享受生命的每一刻

微笑，使我们享受到生命底蕴的醇味，超越一切。再多的背叛、再多的疑惑、再多的烦恼、再多的辛酸，只要心中有微笑，我们就能穿过世事的云烟，沉着应变，迎向幸福的彼岸。微笑是人类最好看的表情，是一句不学就会的世界通用语。假如你会运用这种世界语，你的生活将充满阳光，你的人生将与快乐相随。

世界名模辛迪·克劳馥曾说过这样一句话："女人出门时若忘了化妆，最好的补救方法便是亮出你的微笑。"保持快乐的心情是女性永葆青春的最基本武器，比任何化妆品都管用，绝对可以让你容光焕发。原本平凡的脸庞在开心的笑容绽放时，也会变得生动起来。所以为了自己，为了别人，我们都要快乐起来。

在西班牙内战时，一位国际纵队的普通军官不幸被俘，被投进了阴冷的单间监牢。即将被处死的前夜，军官搜遍全身竟发现半截皱巴巴的香烟。军官想吸上几口，缓解临死前的恐惧，可他没有火柴。再三请求之下，铁窗外那个木偶似的士兵总算毫无表情地掏出火柴，划着火。当四目相撞时，军官不由得向士兵送上了一个微笑。令人惊奇的是，那士兵在几秒钟的发愣后，嘴角不太自然地上翘，最后竟也露出了微笑。后来两个人开始了交谈，谈到了各自的故乡，谈到了各自的妻子和孩子，甚至还相互传看了珍藏的与家人的合影。当曙色渐明之时，那士兵竟然悄悄地放走了他。

微笑，沟通了两颗心灵，挽救了一条生命。微笑可以创造种种奇迹，可见微笑的力量真的是举足轻重、不容忽视的。

微笑构筑和平，微笑增进理解，微笑净化心灵，微笑激励斗志。微笑的人生，是乐观的人生，是顽强的人生，是将雷电风暴纷纷赶跑、于翻滚俯冲间破云而出的太阳的壮姿。

给你所爱的人一个真心的微笑。微笑是人类宝贵的财富，是自信的标志，也是礼貌的表示，微笑具有震撼人心的力量。

一天，安妮去拜访一位客户，但是很可惜，他们没有达成协议。安妮很苦恼，回来后把事情的经过告诉了经理。

经理耐心地听完安妮的讲述，然后说："你不妨再去一次，但要调整好自己的心态，要时刻记住运用你的微笑，用微笑打动对方，让他看出你的诚意。"

安妮试着去做了，她把自己表现得很快乐、很真诚，微笑一直洋溢在她的脸上。结果对方也被安妮感染了，很愉快地签订了协议。

安妮已经结婚18年了，每天早上起来去上班，很少对丈夫笑，或对他说几句温存的话。既然微笑能在商业活动中发挥如此大的作用，安妮就决定在家庭中试一试。

第二天早上，安妮把脸上的愁容一扫而空，对着丈夫微笑。吃早餐时，她向丈夫问候："早安，亲爱的！"丈夫惊愕不已。从此以后，安妮在家中得到的幸福比过去两年还多。

安妮上班时，对大楼门口的电梯管理员微笑；跟大楼门口的保安热情地打招呼；站在交易所里对着那些从未谋面的人微笑。安妮很快就发现，每一个人同时也对她报以微笑。她以一种愉悦的态度，对待那些满腹牢骚的人，一面听他们的牢骚，一面微笑着，于是问题就容易解决了。

由微笑开始，安妮学会了赏识和赞美他人，不再蔑视他人。她停止谈论自己所需要的，试着从别人的观点来看事情。这一切改变了她的生活，使她变成了一个完全不同的人，一个更快乐的人，一个在友谊和幸福方面很富有的人。

微笑似乎是上帝赋予人类的特权，丧失了什么也不要丧失笑容，那是对自己、他人和这世界的最美丽的祝福。每天，你出门的时候，请保持微笑，别忘了对你的家人说再见；你在路上遇见一个陌生人，请保持友善的微笑，那么你也会收获一个来自陌生人的祝福；请给帮助你的人一个衷心感激的微笑；请给那些不幸的弱者一个真心鼓励的微笑；请给下班归来的丈夫一个温暖的微笑……

请把你的微笑留下！

放慢我们的脚步

　　走在路上，走在人来人往的大街上，每个人都是行色匆匆的，仿佛被什么拽着似的，我们大步向前走着，穿梭在人流之中。经过路边玩耍的孩子身边，经过提着鸟笼散步的老人身边，经过橱窗里装饰奇特的小店，我们忽左忽右，在人群的缝隙里钻来钻去，丝毫没有注意到身边的景物和一切。我们要去做什么呢？也许只是想要去买一些不要紧的东西而已，或者本意就是要出来逛街的，那么为何我们要如此匆匆呢？

　　何不放慢自己的脚步，好好观察你周围的世界呢？路边玩耍的孩子，脸上的灿烂笑容和稚气的表情让我们的心灵也变得明亮柔和起来；阳光从树叶之间洒下的斑驳影子让我们感慨时光的美好；迎面走来的情侣的甜蜜笑容和飘进我们耳中的窃窃私语，让我们想起关于爱情的甜蜜。

　　这样美丽的风景，假如我们没有放慢自己的脚步，怎能欣赏到呢？

　　在一个小镇上，有一位老人，他总是很懂得如何去开解大家身上不足的地方，大家都很尊敬他，也很愿意听他的话。一天，老人看到一个小男孩在小花园里淘气地乱跑，把小草都踩死了。于是老人与小男孩约定：如果小男孩去找一只蜗牛，同时带它在小花园里散步一圈，老人就买糖给他吃。小男孩高兴地照做了，刚开始他不断地埋怨蜗牛走得太慢，可蜗牛终究是慢行的动物，无论他怎样地指责，蜗牛还是那样的速度。小男孩没办法，只有耐着性子，以一种接近静止的速度跟在蜗牛的后面，就在这个时候，小男孩突然闻到了花的香味，还听到了鸟叫虫鸣，感觉到了微风拂面的舒适，看到了美丽的夕阳、灿烂的晚霞。它已经忘记了蜗牛的缓慢，一味地欣赏起了美丽的景色。这个时候，他再去找那只蜗牛时，它已经走完了这花园的一大圈。

回想一下自己的从前，你是否每天每时每地都是那么匆匆忙忙的呢？是生活的节奏太快了，还是工作和生活的压力过大？还是你总在追赶着什么，而忽视了人生之路上最美丽的风景？然而在我们的生活中，像这样的风景又何尝不是存在于生活的每一处呢？只是我们每次都太匆匆了，而忽视了这些美景的存在。

所以，在你忙碌的时候，在自己不能自制而烦躁的时候，或因为一些小事而伤心难过的时候，你是否想过要放慢脚步，耐心地感知身边的事物呢？或许放慢脚步，你会看到更多你从未看到过的美景，收获更加明朗的心情。

让快乐放慢脚步，把那些美好的东西变成自己的幸福，然后封存在记忆里。

快乐其实很简单，只要减少一点要求，放弃一些东西，放慢一下脚步，拿出耐心，就能感受到自然的美好和生活的香甜。

在我们的人生道路上，试着放慢一下自己的脚步，观察你身边的风景，好好享受家庭的快乐，好好享受生活之美。你的世界需要放慢脚步，生活很美，亲情很美，路边的每一件小事、每一朵小花都很美！

为亲人设计一个天堂

家是什么？是你无可奈何时，离不了的温馨的港湾，因为在家里，你是自己的主人，可以穿着大号的拖鞋，随意地靠在沙发上享受美食；你可以在自己亲手营造的一个宁静幽雅的角落，读一本线装的小说；可以在身心俱疲时，痛痛快快地洗一个热水澡，然后把自己扔进柔软舒适的床，一睡方休。

家是一个人的天堂。所以，要用心经营。你可以根据自己的喜好，养一些花草，也可以亲手设计一个秋千，在秋日的午后，你可以在小院里重温童年的快乐与温馨。

生性浪漫的三毛是一个爱家的女人，那个沙漠上的风情之家，就是她和爱人为自己设计的天堂——

回到了甜蜜的家，只有一星期的假日了，我们开始疯狂地布置这间陋室。我们向房东要求糊墙，他不肯，我们去镇上问问房租，都在300美金以上，情形也并不理想。

荷西计算了一夜，第二天他去镇上买了石灰、水泥，再去借了梯子、工具，自己动起手来。

我们日日夜夜地工作，吃白面包、牛奶和多种维他命维持体力，但是长途艰苦的旅行回来，又接着不能休息，我们都突然瘦得眼睛又大又亮，脚步不稳。

……

我用空心砖铺在房间的左排，上面用木板放上，再买了两个厚海绵垫，一个竖放靠墙，一个贴着平放在板上，上面盖上跟窗帘一样的彩色条纹布，后面用线密密缝起来。

它，成了一个货真价实的长沙发，重重的色彩配上雪白的墙，分外明朗美丽。桌子，我用白布铺上，上面放了母亲寄来给我的细竹帘卷。爱我的母亲，甚至寄了我要的中国绵纸糊的灯罩来。

陶土的茶具，我也收到了一份，爱友林复南寄来了大卷现代版书，平先生航空送了我大箱的皇冠丛书，父亲下班看到怪里怪气的海报，他也会买下来给我，姐姐向我进贡衣服，弟弟们最有意思，他们搞了一件和服似的浴衣来给荷西，穿上了像三船敏郎——我最欣赏的几个男演员之一。

这样的家，才有了精益求精的心情……

用旧的汽车外胎，我拾回来洗清洁，平放在席子上，里面填上一个红布坐垫，像一个鸟巢，谁来了也抢着坐。

深绿色的大水瓶，我抱回家来，上面插上一丛怒放的野地荆棘，那感觉有一种强烈痛苦的诗意。

不同的汽水瓶，我买下小罐的油漆给它们厚厚地涂上印第安人似的图案和色彩。骆驼的头骨早已放在书架上。我又逼着荷西用铁皮和玻璃做了一盏风灯。快腐烂的羊皮，拾回来学沙哈拉威人先用盐，再涂"色伯"（明矾)硝出来，又是一张坐垫。

圣诞节到了，我们离开沙漠回马德里去看公婆。

再回来，荷西童年到大学的书，都搬来了，沙漠的小屋，从此弥漫着悠悠书香。

纵观中国古代家居装饰，不难发现，在"画栋雕梁"中，花鸟鱼虫、青山绿水、飞禽走兽及人物故事尽现其中，使屋里屋外显得极有生命力和生活气息。

而如今城市越扩越大，楼房越盖越高，人们似乎离自然越来越远。住在单元房中，多少有些孤独感，于是不少人养猫养狗、种花种草、喂鱼喂龟什么的。人与动物相伴是可以有效地调节心理的。而对于忙忙碌碌、常出远门的人来说，又觉得养活物太拴人，既麻烦又占用时间。

那么，在家居装饰中，你就多融入些万物生灵吧，让自然美景定格于家中，让室内充满生命的活力。

摄影、绘画、壁挂类：这是艺术与生命的完美结合。其中，摄影的真实性与绘画、壁挂的夸张性各有迷人之处。但要注意的是，在一间房屋内，最好是二者择其一，而不是将摄影作品与绘画、壁挂艺术混杂同展于一墙之上，因摄影作品给人的感觉是身临其镜，而绘画、壁挂艺术作品则是一种浪漫中的想象。

工艺品摆件类：如今陶、瓷、木、铁、布艺类的工艺品繁多，家中有一两件大型的或一两组小型的动物工艺品陈列其间，十分怡人，如书架上有几只神态各异的瓷狗瓷猫或木雕大小群象群马什么的。

自然标本类：如山鸡、梅花鹿的"动物标本"，在绝对真实中，给人一种特别亲近自然的感觉。"小鹿"脚下的绿色地毯，很容易使你觉得那是一块青青的草地了。其他如在墙上挂一两幅镶满各色蝴蝶的镜框，书桌上摆一两件"有机玻璃定型"的小动物标本等等，都有一种真实细节的展示和"呼之欲出"的美妙感。

实用性与艺术性的完美结合对于单元房的门、窗、隔断、墙裙、暖气罩等"硬件"的选择，应优先于那些带有机械雕刻或手工雕刻的，如木雕、彩绘、喷砂玻璃等等，使家居内充满艺术氛围。此外，在家具的选择上，也应侧重于那些带有花卉、山水、飞禽走兽雕刻的那一类；儿童居室内还可以有一些动物造型的家具，所有这些并不太占空间，对于大小居室均适宜。

想想吧，你对万物生灵有哪些特别的偏爱，那就大胆巧妙地让它们在居室中"定格"。

一盏橘黄色的灯，一串蓝色的风铃，一扇粉红的百叶窗，几本精装的书，几个绣着古典花色的靠枕……那个属于自己的家，每一个细节之处，无不美轮美奂，无不散发着悠悠的浪漫与温馨气息。每一个女人，都是天生的艺术家。而家，则是她的艺术园地，她会由内而外，由整体到细微处，倾情装饰她的家，营造一个属于自己的浪漫空间和天堂。

从现在起，学会温柔待人

温柔是一种如沐春风的感觉，温柔是一种自然流露的气质，温柔是一种冷酷自私的人学不会的能力。徐志摩说："最是那一低头的温柔，像一朵水莲花不胜凉风的娇羞。"林志玲说："温柔是一种力量。"在现实生活中，有很多女性用自己柔情似水的力量，化解了一次又一次的难题。

善良与温柔永远是联系在一起的，一个温柔的女人她必定是善良的，如果善良是平静的湖泊，温柔就是从这湖上吹来的清风。一个不温柔的女人根本谈不上善良，就算她有倾国倾城的美貌再加上一百条优点和一千种特长，也绝不是可爱的女人。温柔是一块磁石，只要你进入它的磁场之内，你就不知不觉被它吸引，想躲也躲不开。

温柔里面包含着深刻的东西，不是生硬地表演出来的，而是生命本体的一种自然散发。只有生长于生命内部的这种爱，才经得起考验，历久不衰，一直相伴到生命的终结。

温柔是真性情，是骨子里生长出来的本能的东西。温柔是人人都能感觉到的。一个女人站在面前，说上几句话，甚至不用说话，就能感觉出这个女人是温柔还是不温柔。温柔的女人给他人如沐春风的爱恋，也给了自己最美丽的幸福滋味。

叶莺曾是柯达亚太区副总裁，这位美丽、智慧的女性之所以能成为世界500强中首位华人女总裁，除了拥有聪明能干和极强的个性之外，更多的是会聪明地运用女性的柔情。

在她到柯达就职的第3天，她就以大中华区副总裁的身份加入柯达已经持续了3年、正陷入僵局的谈判。当时，这个被柯达称为"7计划"的谈判让每个参与的人都疲惫不堪。叶莺一到谈判桌前，便切中谈判要害，令谈判局面柳暗花明，并且成功地达成了"98协议"。

叶莺在谈到自己如何屡次获得事业的成功时，是这样说的："我的交际之所以成功，首先是女人的柔情。'柔情似水'这四个字没有人用来形容男人，而绝对是形容女人的。女人是水做的，再硬的钻头也钻不出河床里的鹅卵石，可是水可以做到。"可见，女人的温柔是女人独有的武器。不管在什么情况下，她们的温柔都显得极具人情味，能够理解别人的种种无奈和苦衷，然后用女人的温柔化解它，使对方喧嚣的心灵变得宁静、自信，从而获得对方的好感。

还有这样一件广为人知的趣事：一天，英国女王伊丽莎白与丈夫闹别扭，丈夫气得闭门不出。半天过去，英国女王心疼地叫丈夫开门，说："快开门，我是女王。"对方硬是装聋，不开。英国女王又说："我是伊丽莎白，请开门。"对方仍不理睬她。英女王灵机一动，温存地说："老公，开门，我是你的妻子。"整日生活在英女王影子下的老公，受压抑已久，听了如此温柔的话语，如沐春风，于是忙眉开眼笑地开门迎妻："进来吧，夫人。"

温柔就是有如此强大的力量，在一些强硬无法解决的问题中，温柔总能圆满地化解。在与人交往中，温柔绝不仅仅局限于女性，男性在与他人的交往沟通中也应该有柔和的一面。在这里我们可以这样理解温柔：随和、幽默、朝气蓬勃。在默契的调侃中将尴尬化于无形，将自尊立于欢笑之上。男人的温柔，让人心里暖洋洋的。

温柔是一种宽容，一种成熟。每个人都愿在这种温柔中悄悄地修正自己，让自己好一点，再好一点，有谁忍心打破这清澈的温柔呢？

定期到医院做体检

本来，生命只有一次，对于谁都是宝贵的。——瞿秋白

我们在这世上，拥有的最宝贵的就是生命。我们无法让逝去的生命重生，我们唯一能做的就是珍惜生命。随着生活和工作的节奏不断加快，饮食不规律、作息时间不规律的现象更为普遍。这些不良的习惯真的是谋杀我们健康的凶手。不要总是忙着赶路，忙着工作，去医院作个检查吧，了解自己的身体状况真的很有必要。

"工欲善其事，必先利其器。"如果理发师用发钝的剃刀来理发，一定不会有顾客光临；如果木匠用钝了的斧子、锯来工作，一定不会制造出优美的器具来。许多人具有超群的天赋，却最终只获得了微不足道的成功，就因为他们不善于保养自己身体这部机器。许多人到了晚年感到失望，甚至连年轻时的希望的1%也不能达到，就是因为他们没好好保养自己的身体，所以也就毁灭了成功的可能，因为身体的原因使自己的生命光芒暗淡。

当所有的荣誉和健康相比，都暗淡无光；所有的金钱和健康相比，都失去作用。不要用我们年轻的身体去赚取金钱，而当我们老了之后，再用金钱去换取健康。或许我们可以凭着年轻健硕的身体赚取有数的金钱，可是当我们失去健康的时候，就算用再多的金钱也换不回健康了。

身体就如一台不断运转的机器，只有经常进行护理，才能保证运转的正常。如果我们忽视平常身体出现的一些小状况，对这些小病小痛都不以为然的话，那或许我们就失去了一次挽救自己的机会。

要想拥有健康的身体，养成良好的生活习惯是十分必要的。每天早上

喝一杯豆浆，让自己的身体温暖健康。就算下班回家，也可以提前一站下车，走一段路，感受城市的活力也锻炼了自己的身体。针对自己的体质特点，吃健康食品，远离油炸和熏烤食品。当我们习惯了这样有规律有节制的生活方式之后，我们就会感受到身体的小变化，久而久之，身体就会由亚健康转变为真正的健康。

我们需要健康的身体，因为我们还要看明天的太阳，我们还要为自己的梦想打拼，还要成为一个称职的妈妈（爸爸），我们还要和爱人白头到老。这只有一次的生命，是如此的珍贵和难得。席慕容说："我总觉得，生命本身应该有一种意义，我们绝不是白白来一场的。"

在2005年8月30日，深受广大观众喜爱的著名演员傅彪，因肝癌抢救无效在北京去世，年仅42岁。

早在2004年的5月，傅彪在横店影视城拍摄《大清官》时，曾因发烧和疲劳过度到横店集团医院就诊过，当时主治医生发现他双侧的膈肌有所抬高，曾建议作一次腹部CT检查，但傅彪认为自己身体一直挺好的，发一点小烧没有什么大不了的，为了不耽误拍摄进度而匆匆返回片场。直到该剧杀青后，在8月2日才到北京医院作详细检查，已被确诊为肝癌晚期。如果傅彪早一点作详细的身体检查，也许他就不会因病不治而去世。

在日历上标注要做体检的日子，到那天，放松自己的心情，就像去赴一次约会一样。正视自己的身体，和自己的身体做朋友。曾经有人将人生的各种追求放在一起作了一个比喻：健康是1，事业、财富、爱情、名誉等都是1后面跟着的0，如果没有了前面的1，后面再多的0也等于是无。然而，我们总是为了争取得到后面的一个个0而奋力拼搏，直到有一天，那个支撑0的1没有了，才会明白，原来身体才是最重要的。

学习品茶

如果我是开水
你是茶叶
那么你的香郁
必须倚赖我的无味

让你的干枯柔柔的
在我里面展开、舒散
让我的浸润
舒展你的容颜

我必须热，甚至沸
彼此才能相溶

我们必须隐藏
在水里相觑、相缠
一盏茶工夫
我俩才决定成一种颜色

无论你怎样浮沉
把持不定
你终将缓缓地
（噢，轻轻地）

落下，攒聚

在我最深处

那时候

你最苦的一滴泪

将是我最甘美的

一口茶

《茶的情诗》——张错

饮茶最是一种享受，静坐时，饮一杯茶，林徽因如是说："冬有冬的来意，寒冷像花，——花有花香，冬有回忆一把。一条枯枝影，青烟色的瘦细，在午后的窗前拖过一笔画；寒里日光淡了，渐斜……就是那样地像待客人说话，我在静沉中默啜着茶。"

中国人的生活中，永远离不开的就是茶。客人来了，捧一杯茶，满屋的茶香伴随着欢声笑语，在屋子里渐渐弥散开来；读书的时候，倒一杯茶，茶香伴着故事，沁入人心。正是在这无法分离的几千年里，茶叶有了生活的气息，学会品茶，就像品味生活那样，需要耐着性子，细细琢磨。

懂茶道的人都知道，茶最是需要安静平和的气氛。煮水、洗茶、泡茶、饮茶，都是一个循序渐进的过程。一片小小的茶叶，看起来是那样的纤细、弱小、微不足道，但却又是那样微妙，把它放进一杯水中，与水融合，它便释放出自己的一切，毫无保留地贡献出自己的全部精华，完成自己的全部价值。虽说没有茶叶就没有可口的茶香，但是，此时人们关注的已经不再是茶叶本身了，而是那杯中之水。

这一切又何尝不像人的一生。在沧海人世中，每个人都宛若一片茶叶，或早或晚都要融入这变化万千的世界。在融会交融的过程中，每个人都要从生到死，贡献出自己的毕生，走完自己的人生旅程。在这个过程中，社会不会去刻意地留心每一个人，就像在饮茶时，没有人去在意每一片茶叶一样。茶叶不会因为融入清水没人在意而无奈，照样只留清香在人间；我们每个人也不必因融合于集体不被人关注而沮丧，因为我们已经在融会交融的过程中，成就了他人。

一个人若对茶有品位，那么自然对生命、对社会、对情感会有热爱之心。正如茶圣陆羽在茶经中所说的："懂茶之人必定是精行俭德之人。"

放慢生活的节奏，在一个偷得浮生半日闲的下午，煮一壶沸水，静静地听茶叶与水融合的声音。生活中所有的不快都会在这一杯香茗的滋润下，淡出我们的心灵。也许你已经习惯了喝咖啡，习惯了速溶咖啡简单的冲泡方式，但是泡茶不仅仅是为了最后的饮茶，更多的是享受这个美好的过程，看着一片片茶叶在水中舒展开来，它们旋转得如同仙子的舞蹈。

品茶能给人灵感，有多少文人墨客题下了与茶有关的优美诗句。白居易说："琴里知闻唯渌水，茶中故旧是蒙山。"无论是红茶、绿茶，还是乌龙茶、龙井茶，都有着共同的特点，那就是让人宁静平和。品茶有时并不要求茶有多好，只是需要宁静的心态。

茶。

香叶，嫩芽。

慕诗客，爱僧家。

碾雕白玉，罗织红纱。

铫煎黄蕊色，碗转曲尘花。

夜后邀陪明月，晨前命对朝霞。

洗尽古今人不倦，将知醉后岂堪夸。

——元稹

学习一种乐器

记得在电影《赤壁》中，诸葛亮说过这样一句话："什么都略懂一点，生活会多彩一些。"虽然这句话在电影中显得很"穿越"，但是就其本身来说，还是很能说明生活的本质的。

这是一个寒冷的圣诞之夜，贫困、孤独的青年音乐家贝多芬独自徘徊在维也纳的街头，享受着圣诞之夜冷寂的星空。空气中不时飘过富人们餐桌上烤鹅和苹果的香味，突然，他看见一个身体单薄的小女孩，匆匆地从教堂的那边走过来。小女孩的脸上写满了绝望，她瘦小的身体在寒风中不断哆嗦着。"小姑娘，什么事使你这么伤心，我能帮助你吗？"原来，小女孩叫爱丽丝，她的一位邻居雷德尔老爹正病得厉害，他身边一个亲人也没有，唯一的小孙女上个月也得伤寒病死了。雷德尔老爹哭瞎了眼睛，正躺在床上发着高烧。他有一个愿望，在这个愿望没有实现之前，他是不能死去的，否则他的灵魂就不能升入天堂。小爱丽丝说："先生，雷德尔老爹是个善良的人，他爱画画，爱听音乐。每到春天，他就骑着马到森林里去，秋天带着一大捆画回来。他把卖画的钱都分给了我们这些穷邻居，而他自己穷得只剩下一架破钢琴。他病了，他天天都念叨：'让我再看一眼森林和大海吧，让我到塔希提岛，到阿尔卑斯山去看一眼它们吧！这是我在这个世界上最后的唯一的愿望啊！'"小女孩含着泪水告诉面前的这位先生说："多好的老人啊！可是没有人能帮助他实现这一愿望！""不，也许有的！"

就在这个寒冷的圣诞之夜，青年音乐家随着小爱丽丝来到了老画家的身旁。他轻轻地打开了老画家的那架旧钢琴的琴盖。他坐在这架旧钢琴前，心中似有一种神秘的激情涌起。他的手指轻轻地按动了琴键，是的，他的灵感和激情迸发出来了，在他接触琴键的一刹那，仿佛被一种无法言说的神秘指引，又若内心深处正在接受神祇的帮助，他弹奏着、弹奏着，那么自如、那么专注。这时候，雷德尔老爹停止了咳嗽，好像是一种回光返照，他坐了起来，咧开嘴巴，微笑着，头部也随着音乐的节拍摇晃，小爱丽丝更是满脸惊讶地望着这架破旧的钢琴，好像在怀疑，这位年轻的先生是不是一位巫师，怎么好像具有魔法一般。

"啊，看到了！我看到了！阿尔卑斯山的雪峰，塔希提岛四周的海水，还有海鸥、森林、耀眼的阳光，全看到了！啊，上帝！我的灵魂终于可以升入天堂了。"雷德尔老爹扑上前，拥抱了正沉醉在琴声里的音乐家。"先生，感谢你让我在圣诞之夜看到了我想看到的一切——我终生热爱的大自然。" 贝多芬站起身，"不，是您那仁慈的心灵在指引我，在驱动着我，还有你，美丽可爱的、天使一般的爱丽丝！是你把我引到了这架钢琴前。" "不，是你帮助雷德尔老爹实现了他的美丽愿望。" "请允许我把这首曲子献给你吧——可爱的小爱丽丝。"说完，青年音乐家低下头，轻轻地吻了小爱丽丝，然后猛地转过身，拉开门，大步走进了夜色中。 许多年过去了，贝多芬从未忘记过那个冬天的夜晚。他的心灵常被一种难以名状的感情缠绕着。终于有一天，他凭着准确的记忆，写出了那首曲子，他的心情才稍微平静了一些。他难以忘怀那位善良、美丽的小女孩爱丽丝。他不假思索地把这首钢琴曲题名为《献给爱丽丝》。

音乐有着神奇的力量，我们虽然不能成为贝多芬这样著名的音乐家，但是在家庭聚会的时候，为家人弹奏一曲，还是会让家人感到温馨和幸福的。在感到迷茫伤心的时候，带着吉他去郊外的草地上，自己弹一首曲子，听着风的合奏，心情也会释然很多。

带上帐篷露营去

选一个阳光灿烂的日子，带上帐篷和三两个好友露营去。远离嘈杂的市区，暂时告别柴米油盐的平凡生活，呼吸一下新鲜的空气。在夜晚，看看那漫天的星星，我们有多久没有这样轻松地抬头看看天了，每天都把自己束缚在繁杂的工作中，偶尔这样为自己减减压也不错。

我们可以一时兴起，说去就去，或稍作计划，我们可以花几天的时间与朋友或家人露营，体验日出即起、日落而休的生活，并且露天烹煮三餐。许多人都可以在距家附近仅数小时车程的地方，找到一个充满自然灵气且让人觉得不虚此行的可爱场所。起程之后数分钟，你就会把日常的牵挂抛到脑后，前面等待你的则是步调缓慢，且不慌不忙的动植物世界。

爱上露营也许并不需要理由，只要参加过露营的人，都能体验到露营带给他们的快乐。当然随着都市生活节奏的加快，很多人都感到身心疲惫，到大自然中去无疑是种非常好的放松和调理的方式。参加露营也可以认识各个阶层的人，大家在一种毫无利益冲突的关系下相识相知成为好朋友也是很多人所希望的。对于很多单身贵族来说，参加露营也可以找到自己的另一半。参加露营是人生的一种丰富，也是对自己耐力和意志力的考验。

阿柳只去过一次海边露营，就爱上了，回来后，一直想到山上露营一次。后来，因为工作太忙，就把心愿放下了。今年深秋，她打算圆梦。

当时，阿柳是和女儿一起，参加朋友的汕头自驾车游。之前，她得知要在沙滩上露营，就借来了一个相当结实的帐篷。到了海边，在朋友的帮忙下，仅用十来分钟，阿柳就把帐篷搭好了。他们到山边拾来了一堆柴，烧起来了。很快，就开始了一个快乐的夜晚。在火堆旁边，阿柳与朋友天南地北地聊开了，女儿在旁边唱歌，然后再烧一些喜欢的食物，鱿鱼、鸡翅等，让人垂涎的食物源源不断地送到阿柳的手中。海风吹来，相当凉爽，空气清新，浪涛声声，阿柳爱上了这样的好环境。睡觉时，帐篷内稍微有点儿凉，阿柳拿出了小盖被，给了女儿无比的温暖和母爱。

经过这一次旅行，阿柳觉得住帐篷也相当舒服，能够接近大自然。以后有机会的话，还把女儿带上，到山上去露营，感受一下山风、清泉、蛙鸣。

置身大自然时，想想为什么大多数人面对大自然时，都会感动并觉得心满意足？为什么我们的意识里会渐渐充满大自然的美、安详、完美及其中的各种生命？想想各个时代的诗人和艺术家如何以独特的方式得到大自然的启示，从而去写、去画、去雕刻。

生命需要各种色彩，而最不能缺少的就是大自然的绿色。在钢筋水泥的灰色世界中生活的我们，更需要亲近自然，热爱自然。在露营的时候，也需要了解一些基本常识，比如要在草地、河滩等一些地势平坦开阔的地方扎帐篷。而露营的最佳时节是深秋，这时候天气不冷不热，而且一些野生动物出没也会减少。当然能和有经验的朋友一起去是最好的办法了。

宽恕一个有负于你的人

斯特恩说："只有勇敢的人才懂得如何宽容；懦夫绝不会宽容，这不是他的本性。"善良的人最伟大的品质就是宽恕。任何人都有被伤害的时候，而这个伤害对我们造成的影响却在于自己。如果宽恕那个曾经有负于自己的人，那么他对你的伤害也会伴随着你的宽恕而渐渐消失。如果我们不能放下过去，就无法真正地拥有快乐的将来。

我们深知，宽恕一个伤害过自己的人有多么不容易。那些伤害在心里留下了永久的痕迹，每当我们回忆过去，就会想到那些伴随我们成长的疼痛。如果一个人在爱情中背叛了你，时间会帮助你洗去伤痕，能被夺走的爱人并不是真正的爱人，而让你哭泣的人也不是真正心疼你的人。忘记那最后的疼痛和伤害吧，把过程的美好留在心底，你的生活不会因为一次失恋而失去光彩，也许在下个路口就会遇见对的人。

一位心理医生说："在心理咨询实验中，所有被施暴的人，无论是性骚扰还是暴力侵害，在治疗的历程中，宽恕是必然的过程。"只有真正做到了宽恕，压力才能得以缓解，才能恢复心理平衡。将仇恨放在自己的心头，我们的心灵就永远得不到安宁，用别人的错误来惩罚自己，是最不值得的事情。

选择宽恕吧，写下你内心久久不能宽恕的一个人的名字，找到他的联系方式，主动给他打个电话吧，用多年不见的好友的口气。王菲曾唱，难道爱比恨更难宽恕？有多少恨是由爱而生的，得不到的爱，得不到完美结局的情侣，最后都不能平静地分开。而恨也由此而生，那曾经轰轰烈烈的爱也瞬间变了模样。宽恕与否，只是一个选择题，而作这个选择就要全凭内心的勇气。

有时候，我们不是无法宽恕那个伤害自己的人，而是不能原谅自己就这样认输。我们说狠话，也只是提醒自己不能忘记，以为自己忘记了就是耻辱，以为自己原谅了就是懦弱。不能宽恕的人，一直活在过去的伤害里。自己主动隔绝了一切能走出去的路，不肯原谅别人，也束缚了自己。

最好的报复是宽恕，不仅宽恕了别人，也成全了自己。心灵的宁静和救赎应该从宽恕自己的内心开始。唯有宽恕了自己，我们才能宽恕别人，或接受别人的宽恕。真正的宽恕原是无条件的并且是永无止境的过程。

在二战中，一支部队在森林中和纳粹军队相遇，并且发生了激战。其中两名战士和自己的队伍失去了联系。没有人知道他们在哪里，所有人都以为他们牺牲了。

这两个战士是同乡，他们从小一起长大，他们是最好的朋友。在生死未卜的战场上他们互相照顾，不分彼此。在与部队失去联系之后，他们在森林里艰难跋涉，互相鼓励，他们没有看到一个人影，回到部队的希望也越来越渺茫。更严重的是他们没有粮食了，就在他们奄奄一息的时候，他们幸运地打死一头鹿，他们依靠鹿肉又坚持了几天。可是鹿肉眼看就要没有了，他们的生存又成了问题。

就在这时候，他们又和敌军相遇了，他们很巧妙地逃脱了，当他们都以为安全的时候，枪声响起了，那个背着鹿肉的士兵倒下了，后面的战友惊慌失措地跑过去，抱起地上的战友，并把自己的衬衣撕开，为战友包扎伤口。夜深了，受伤的战士对自己的生命不抱任何希望了，而那个没有受伤的战士，嘴里一直念叨着母亲的名字。

也许是命不该绝，他们被自己的部队发现了，他们获救了。

日子就这么平静地过了三十多年，当年那个受伤的士兵说："我知道是谁开的那一枪，是他，我多年的好友。他在去年去世了，如果我死在他前面，我会让这个秘密烂在肚子里。他这么做只是为了那剩下的鹿肉，只是为了能活着回去见他的母亲，他曾经跪在我面前，希望我能宽恕他，可是我在那天晚上就宽恕他了。就这样，我们做了几十年的好朋友，推心置腹，肝胆相照。"

搭火车一个人去旅行

　　买一张火车票，在深夜独自旅行。逃离人群，也不带任何行李，坐在驶往他乡的火车上，看陌生的城市有怎样的风景。独享这宁静的时光，无论是心灵还是身体。

　　不带任何东西，只带上自己，

　　我想，独自去旅行。

　　不带走城里的月光，属于大家的月光，

　　只想，寻找那个属于我的月亮，

　　心中的，自我欣赏。

　　不带上缺氧的空气，我窒息，

　　只想，换点新鲜的，

　　我才能鲜活一次。

　　只想，把自己丢在满山遍野的油菜花中，

　　还来不及想心事的时候，

　　浓浓的花香已把我灌醉，

　　没有了思想。

　　只想让自己疯一回，

　　在没人的旮旯处，

　　吼一声，哭一会儿，傻笑些许。

　　我想，独自去旅行，

　　不带任何东西，只带上自己。

　　狂欢是一群人的孤单，孤单是一个人的狂欢。一个人去陌生的城市狂欢，把所有的伪装都卸下，只留最真实的自己。

"在一片空地上坐了下来，心情异常平静，静静地遥望着远方，视线中除了大山、天空就是阳光和空气，一个十分单纯的景象。夕阳柔和的余晖斜射在对面的山峰上，使它的轮廓更加清晰，肌体更富有弹性，像是孕育着生命的母体，生动真实地展现在我的眼前。而与它相连的山峰则无限延伸，逐渐失去原有的色彩，与天空结为一体。这是一个没有尽头的无限空间，又是一个纯粹空灵的胜地。在这里我看到了自然最真实的一面，原来她是那样浩瀚、博大，又是那样神圣而不可接近。面对这肃静、平和与深远的世界，人类自高自大的征服誓言仿佛变得苍白无力了。"

"独自沉浸在这样一个完全自然的境界，真切体会着心灵与自然的坦然对话。此时，我感到无限充实和满足，又似乎是一片空白，沉浸在一种无法形容的宁静中，千年的高原湖泊仿佛此刻在这里停止。"

每个人都要走一条自己的路，我们来这世上时是一个人，去时也不可能结伴，做人终究是孤单的。

所以有时间，一定要带上简单的行囊，独自一个人出去走走。

独自旅行，也许最初是没有合适的旅伴，但渐渐也就成了习惯，像种惯性，一次又一次地出走，一次又一次地感叹。喜欢行走的日子，也许说不上热爱独自旅行，却已成为了一种生活方式。一个人思考、一个人决定向左还是向右，用眼睛去看世界，也让自己的眼睛被所看之物改变着。

独自旅行就是一个人漫无目的地行走，没有既定的线路，没有理想的目的地，一切都随缘。独自旅行的时候，你会有充裕的时间沉思默想，或是做你想做的任何事情。托马斯·杰弗逊说过："独自旅行更为有益，因为人在旅行时思考得更多。"思考生命是怎样一个孤独的过程，思考有谁能长久地陪伴在自己的身边。

安妮宝贝的书中，经常描写独自旅行的女子。她们穿着白色的纯棉裙子，光脚穿球鞋。她们抽烟，并且有冷峻的表情。她们缺少爱，抑或是在寻找爱。她们在凌晨走过寂静的街道，遇见一个让她们心动的男人。这也许是我关于独自旅行最早的想象。而成为那样的一个简单女子，也是心里最简单的梦。

为一件喜欢的衣服而减肥

拥有玲珑的曲线是每个女人心中的梦想，减肥也就成了女人最热衷的话题。古语说："女为悦己者容。"很多女性为了减肥吃尽了苦头，只不过是为了博他人一笑，甚至伤害到自己的身体也在所不惜。其实，为了别人减肥，是完全没有必要的。也许我们在逛街的时候看到一件漂亮的衣服，买回去并不能穿，那么把它挂在柜子里最显眼的地方，用它来激励自己减肥吧。

女生总是要美美的，从内心到外表，知性的女子往往最能打动人，而且她们对生活很有节制。她们从不暴饮暴食，对任何事情都能冷静地面对。多读书，而不留恋那些不切实际的肥皂剧。她们身上总是散发着别样的光芒。

减肥也是对自己的身体负责。肥胖是危害身体健康的重大隐患。国际肥胖特别工作组指出："肥胖是21世纪威胁人类健康和生活满意度的最大敌人。"这样看来我们减肥就更有必要了。常常坐在办公室的人可能没有大量的时间去运动，那么我们可以选择一些在办公室就能做的小运动来燃烧脂肪。

坐在办公椅上，上身直立，手握矿泉水瓶，自然下垂。将手抬高，手肘尽量贴近头部，背脊不可弯曲，力量适中即可。手举至顶点时慢慢放下，回到准备动作。如此反复，左右各做20次即可。这一组动作可是帮助我们使手臂纤细的哦。

其实女生最容易发胖的还是肚子，下面这套动作就可以让我们在办公室轻松减肥。坐在办公椅的1/3处，双脚并拢，脚背朝上，脚尖向前略施力下压，双手伸直，手掌轻扶办公桌边缘，脸部朝下。缓缓吸气，同时将双脚抬起，使腹部略感压力，维持10秒后恢复准备动作。重复20次即可。

这些简单的小动作不仅能帮助我们达到减肥的效果，还能让我们在忙碌的工作中，放松一下，一天都拥有好心情。学会享受生活，就要把握生活中属于自己的美，有积极的健康的心态，有健康的身体，这都是一种美的体现。天使的面容并不是人人都可以拥有，我们的容貌是与生俱来的，是父母在我们身上留下的最明显的印记。但是美丽的身材不同，这是上帝给每一个女人的礼物。每一个女人都可以拥有美丽的身材，只要肯为此付出努力。当青春之神款款降临到你身上，你的身体就无时无刻不在发生着变化，你渐渐有了优美的曲线，身体的每一个部位都能吸引周围热切的目光。这个时候，也许下意识里，你会觉得自己就是维纳斯。

其实减肥并不是我们唯一的目的，能让自己用心地投入到一件事情中去也是很值得高兴的一件事。专注于自己的目标，为了达到目标而付出，这过程，本身就很美。

养一盆喜欢的花，放在窗台

　　在高楼林立的大都市，最稀缺的就是纯净的空气和绿色的植物。住在几十层高的大楼里，更是难得有绿色植物的踪影。还记得儿时住的大院子，院子里种满了各种花儿，最常见的就是月季和丁香了。小时候总也分不清月季和玫瑰，但还是为花儿的美丽所吸引。母亲总是剪下一朵最漂亮的花儿，插在我细小的辫子上，而我笑着跑遍整个胡同，觉得自己是最美的。长大后，收到的第一束花是玫瑰。我仔细端详，还是觉得和童年时插在头上的月季很像。所有的女生都是喜欢花儿的，也许是天生的娇媚和脆弱与花儿有几分相像的原因吧。黛玉手把花锄出绣闺，扫起地上的落花，她心里是多么怅惘和不安，一句"尔今死去侬收葬，未卜侬身何日丧？侬今葬花人笑痴，他年葬侬知是谁？"真的是让人心碎。

　　养一盆花，放在窗台，观看它的变化，每天精心地浇水、松土，待到花开的时节，盼望它能开出惊艳的花儿。每家的窗口都是一样的风景，我们看不出这窗口里的主人有怎样的生活。这家窗台有一盆玫瑰，花朵开得妖娆动人，相信它的主人一定是个内心有爱的女子。每种花儿都有自己的花语，正如玫瑰是爱、百合是祝福。爱花儿的人，必须有耐心，因为要经过冬天漫长的等待，才能在春天享受花开一季的温馨。

　　紫藤花有个古老而美丽的传说：有一个美丽的女孩想要一段情缘，于是她每天祈求天上的月老能成全。终于月老被女孩的虔诚感动了，在她的梦中对她说："在春天到来的时候，在后山的小树林里，你会遇到一个白衣男子，那就是你想要的情缘。"女孩在等待的时候不小心被草丛里的蛇咬伤了脚踝，心里害怕极了。这时，白衣男子出现了，他上前用嘴帮她吸出了脚踝上被蛇咬过的毒血，女孩从此便深深地爱上了他。可是白衣男子家境贫寒，他们的婚事遭到了女方父母的反对。最终两个相爱的人双双跳崖殉情。

在他们殉情的悬崖边上长出了一棵树，那树上居然缠着一棵藤，并开出朵朵花儿，紫中带蓝，灿若云霞。后人称那藤上开出的花为紫藤花，紫藤花必须缠树而生，独自不能存活，便有人说那女孩就是紫藤的化身，树就是白衣男子的化身，紫藤为情而生，为爱而亡。

关于花儿还有更多传说，人们总是喜欢给自己喜欢的事物附上神秘的色彩，仿佛只有这样，才配得上那花儿的美丽。

昙花又叫韦驮花。韦驮花很特别，总是选在黎明时分朝露初凝的那一刻才绽放。传说昙花是一个花神，她每天都开花，四季都很灿烂，她爱上了一个每天为她锄草的小伙子，后来玉帝知道了这件事情，就大发雷霆，要拆散这对鸳鸯。玉帝把花神贬为一生只能开一瞬间的花，不让她再和情郎相见，还把那个小伙子送去灵鹫山出家，赐名韦驮，让他忘记前尘，忘记花神。可是花神忘不了那个年轻的小伙子，她知道每年暮春时分，韦驮尊者都会上山采春露，为佛祖煎茶，于是就选在那个时候开花！希望能见韦驮尊者一面，就一次，一次就够了！遗憾的是，春去春来，花开花谢，韦驮还是不认得她！

昙花一现，只为情郎，我们不得不被这美丽的花儿所感动。也许这都是后人为了赞美这些花儿杜撰出来的。可是我们宁愿相信这些故事真的发生过，花儿美丽不独因为它可爱的外表，还因为它坚贞的品质。

认真清理一次自己的衣橱

衣服越来越多，把小小的柜子挤得都已经装不下了，每天换衣服就跟打了一场小型战争似的，在柜子里面翻来翻去，同时还要不断防着有衣服因为太过拥挤而从柜子里掉出来、但是有时过于忙乱，或是因为两只手展开也挡不住那么多衣服，还是会有衣服掉一地的时候。在经历了数次掉衣事件后，终于横下心趁周末的时候好好儿清理一下自己的衣柜。

你的衣柜呢，也是这样的吗？还是比这整齐多了？不管如何，何不开始整理一下自己的衣柜呢？收拾衣柜就如同收拾自己的心情一样。现在开始把衣服进行分类，不同的衣服按季节分放在一起。在整理的过程中你会不断有惊喜，比如一条漂亮的裙子可能让你想起了夏天时节穿着它时的愉悦心情和带给众人的惊艳，或是那件衣服上的漂亮补丁让你想起在游乐场中畅快的一天，虽然最后衣服被自己一不小心刮破了一点儿，但依然未扫当时的兴致，反而最后的计划中多了逛精品店为衣服买补丁的经历，多了大家当时讨论着哪个补丁更适合这件衣服时的欢快场景。

看看自己的衣服，也许还会使自己吓一跳呢，自己什么时间添置了这么多的衣服啊，有的衣服竟然都不记得了，甚至从来没有穿过。而有的衣服是否该淘汰掉了呢？那么现在好好儿整理一下，对于那些埋藏于衣柜底部的衣服，或好长时间没有穿过的衣服，考虑一下是否该淘汰了。自己好好儿想一下或征求一下朋友的意见，不要舍不得。关于舍得就是一种生活态度。舍得舍得，有舍才有得嘛，换掉旧衣服才能给新衣服腾一些空间嘛。

也可以把衣服混搭一下，会有不一样的效果哦，比如夏天绚烂的民族裙就可以搭一个秋天的白色针织衫，可以让夏天的尾巴拖得时间更长一些。还有其他有新意的穿法，自己好好儿尝试一下吧。

对于自己不要的衣物，可以捐出去或寄给贫困山区的儿童，但之前一定要把它们洗得干干净净的，这是对我们彼此的尊重。也可以把它们洗干净后放在干净的袋子里，在早晨的时候放在垃圾箱的旁边，因为这个时候有好多的拾荒者会在垃圾堆里淘一些有用的东西，这些对他们来说可能有用。这样不仅使自己轻松了好多，也帮助了他人，何乐而不为呢？

每个人内心的承载能力都是有限的，就如同这小小的衣橱一样，定时清理才会有空间来容纳新鲜的事物。那些陈年旧事就不要再念念不忘了，不管是谁欠了谁，那都是故事了。我们需要继续往前走，人生还有更好的故事等待我们去经历，有舍才有得，正是这个道理。

清理自己的衣橱，把自己喜欢的需要的留下，清理自己的内心，把快乐的感动的留下。解放自己的心灵，才能飞得更高。

做一个志愿者

记者："你打算在这儿待到（做志愿者）什么时候？"憨厚的唐山农民笑了笑："我把户口本转过来都行啊！"

——唐山志愿者

简单的话，往往最让人感动。也许我们都是一个个语言的巨人，但是志愿者用他们的实际行动，让我们感动，甚至羞愧。人需要在道德上自我肯定，需要通过社会来证明自己是有爱心的，而非一个利禄之徒。

人们在做好事的时候，一个理想的境界就是行善是发自内心的，而不是他人的命令。如果是后者，行为就会被异化，就会成为一种外在与自我的累赘。只有真正源自内心的善行，才会激发起一种强烈的道德快感，拥有持久的精神动力。作为一个真正的志愿者，你会感到自己对别人有用，感到自我价值的实现。

如果眼泪是一种财富，徐本禹就是一个富有的人，在过去的一年里，他让我们泪流满面。从繁华的城市，他走进大山深处，用一个刚刚毕业的大学生稚嫩的肩膀，扛住了倾颓的教室，扛住了贫穷和孤独，扛起了本来不属于他的责任。也许一个人力量还不能让孩子眼睛铺满阳光，爱，被期待着。徐本禹点亮了火把，刺痛了我们的眼睛。

——2004年"感动中国"颁奖词

无数看似平凡的人们在用行动感动着我们，在遥远的小山村里，他用年轻的生命温暖了孩子。他一定是个充满爱的人，内心善良又纯洁，也许这也是所有志愿者的特点和特质吧。

我宁为灰烬，而不愿为尘埃。我宁愿让我的火花在灿烂的火焰中烧尽，而不愿为干尘所窒息。我宁为一颗壮丽的星辰，让我的每一个原子放出奇光异彩，而不愿是一颗沉睡不醒的行星。人生的真正意义是发挥作用，而不是存在。

如果你也想成为一个志愿者，首先要认识到志愿者的价值，这价值是用金钱无法衡量的，因为它带给人们的是温暖和爱。了解志愿者的价值之后，就要找一个自己喜欢的方向，并决定自己必须付出多少时间——即使只有一个月一个小时也无所谓——然后就捐出这个时间，除了欣慰感之外，别期待任何金钱回报。

今天就开始。坐下来打几个电话，看看你所挑选的几个机构是否需要帮忙。他们一定很乐意接纳你。事实上，当你出现在他们的办公室时，你可能会觉得自己好像是世界上最伟大的人。

当志愿者，就等于付出生命中最宝贵的东西——时间。你在向自己，向你的团体宣示你看重这种分享。此外，这样做还可以加强你与社会的联系。归属于一个比家庭更大的团体，你会获得一种深深的满足感。

就许多方面而言，付出时间就是回报我们每天都收到，但我们大都视为理所当然的礼物——生命。若要表示我们是一个大团体的一部分，要表示我们彼此大都有共通处，付出时间只是一种微不足道的方式。但是，当你付出时间做志愿者时，就表示你肯定那种归属感。

幸运地，我来到这里，成为一名奥运志愿者。在观众服务部的工作中，虽然自己承担的都是一些简单的工作，但我却感到了自身的价值在一点一点地实现。同时，在这些小事情中所感到的被需要和被信任更是让我无比充实和快乐。

幸运地，我来到这里，加入了一个团结、积极、快乐、温馨的集体。因为你们，我不再害怕，有了迎接新生活的勇气；因为你们，我不再彷徨，心灵的脚步有了新的方向。

张开手起飞，飞越更多的空间去体验，我的青春没有极限！

——北京奥运会志愿者王颖

热爱自然，热心环保

自然环境是我们人类社会赖以生存的基础和前提，是经济发展和社会进步的必要条件。自然环境或者说地理环境、自然条件、自然基础，它不仅包括在历史上形成的与人类社会活动相互起作用的那些自然条件，如地理位置、地形、气候、土壤、水文、矿藏、植物、动物等，还包括其交互作用下形成的复杂综合体。自然环境是人类创造活动的舞台，是人类创造活动的重要对象。对于人类的重要性不言而喻。

那么我们如何热爱自然保护环境呢？年少的时候，在我们的思维里，热爱自然和环保大概就是我们对于眼前的自然景物不损毁、不乱扔垃圾等，到现在也许更具体一点吧。由于国家的一些规定，我们在日常生活中不再随便使用塑料袋，也在提倡健康、节约、绿色、环保的生活。这一切做法对于保护我们的自然环境很有用处。但是再思考一下，我们真的做得够吗？

面对环境变得日益恶劣，我们是否认为与自己无关；或许觉得对于这种情况我们不应该负责任，这只是国家的责任；或许我们想要做一些事情，却觉得自己的力量过于薄弱了，根本起不到任何作用。所以面对环境的恶劣，我们只有漠然。我们依旧在使用塑料袋和一次性的餐具，依旧在没人注视的时候乱扔垃圾，或者对于残害动物的行为漠然置之，甚至我们也是助纣为虐者。

我们是否想过要从自己开始做起？曾经读过毕淑敏的一篇文章《冻顶乌龙和百合》，在文章的结尾，作者在经历了一系列的事情后写下这样一段话："从此，我家的花瓶里，再没有插过百合，不管是西伯利亚的铁百合还是云南的豹纹百合。在餐馆吃饭，我再也没有点过"西芹夏果百合"

这道菜。在菜市场，我再也没有买过西北出的保鲜百合，那些洗得白白净净的百合头挤压在真空袋子里，好像一些婴儿高举的拳头，在呼喊着什么。一个人的力量何其微小啊。我甚至不相信，这几年中，由于我的不吃不喝不买，台湾玉山阿里山上会少种一寸茶苗，西北的坡地上会少开一朵百合，会少沙化一箕黄土。然而很多人的努力聚集起来，情况也许会有不同。努力，也许就会有不可思议的力量出现。墙倒众人推一直是个贬义词，但一堵很厚重的墙要訇然倒下，是一定要借众人之手的。"

　　这篇文章让我懂得和学会了很多，对于环境我们每一个人都可以减少对它的危害。我所做的便是尽力在我的生活中不浪费、不用一次性的餐具、少用塑料袋、节约用电等等，并把这篇文章和关于它的故事推荐给或讲给我身边的人，进而影响他们和我一样去做。我的作用可能是渺小的，但我认真去做了。而且我觉得这样是有用的。那么我们都这样做呢？我们的力量加起来可以使环境变得更好，千万不要小看自己的力量，从现在开始对环境贡献你的一份力量吧。

好好享受美食的快乐

中国饮食文化源远流长，素有"烹饪王国"之称。中国烹饪不仅是技术，同时也是一种艺术，是文化，是我国各族人民辛勤的劳动成果和智慧结晶，是中华民族传统文化的一个重要组成部分。而中国人对美食的追求也是无止境的。

中国饮食具有历史悠久、技术精湛、品类丰富、流派众多、风格独特的特点，是中国烹饪数千年发展的结晶，在世界上享有盛誉。中国烹饪，是中国文化的重要组成部分，又称中华食文化。世界三大菜系（中国菜系、法国菜系、土耳其菜系）之一，深远地影响了东亚地区。

中国菜主要有八大菜系，指鲁菜、川菜、粤菜、闽菜、苏菜、浙菜、湘菜、徽菜。同时，也有四大菜系之说，通常指鲁菜、川菜、粤菜和苏菜。

中国菜肴品种繁多，除按地区和民族分类外，还因消费对象的不同、加工制作有异，又有以下两种分类法。①消费类别。由于消费对象不同，形成了层次不一的菜品，主要有家常菜、市肆菜、公共食堂菜、寺观菜、官府菜、宫廷菜、药膳菜等。②加工类别。由于中国菜肴加工制作技法多样，菜肴形式及其作用也有一定差别，主要分为冷菜、热菜、大菜、小菜、甜菜、汤菜等。

除四大菜系外，中国菜肴还有许多风味流派，各有其浓厚的地方特色。少数民族在长期历史发展中，也形成了各自的饮食文化模式，曾出现了不少著名的菜肴风味流派，主要有清真菜、蒙古族菜、满族菜、朝鲜族菜等。

普及了这么多关于中国饮食方面的知识，你的舌头是否有些蠢蠢欲动了呢？何不从现在开始，尝试一下不同地区的美食呢？可以先从各地具有代表性的美食开始，比如山西刀削面、陕西羊肉泡馍、河南烩面、北京全聚德烤鸭、东来顺涮羊肉等等这些比较常见的。如果这些比较常见的你已经全部吃过了（这里提一点建议：这些代表性的饮食在全国各地都有，但是如果我们想吃地道美食的话，有机会去当地的话一定要再品尝一次，这样才能真正品味这些美食）。可以再尝试这些地方的其他美食，比如呼和浩特的蒙古烤肉、齐齐哈尔的杀猪菜、湛江的本地鸡、湘潭的毛家红烧肉等等。各地不同的美食也反映了各地不同的风土人情。而我们在品尝美食的同时也可以学到很多知识。

除去大餐，各地的小吃也别具特色，而且种类繁多，不仅让人目不暇接，更是吃得不亦乐乎。比如北京的小吃，博采四方小吃之精华，兼收各族小吃之特色，已形成汉民、回民和宫廷三种风味。目前的北京小吃，已逾百种，并已形成蒸、煮、煎、炸、烤、烙、爆等多种技艺，其间融汇多民族的传统食艺、食俗，形成了琳琅满目、缤纷斑斓的诱人品相。有名的有奶油炸糕、驴打滚、爱窝窝、糖卷果、姜丝排叉、馓子麻花、焦圈、糖火烧、豌豆黄等等，光品种就让人眼花缭乱了，更别提吃的时候那种美了。如果想吃，还等什么呢？

正所谓大餐固不可少，小吃也别有风味。在吃腻了中规中矩的大餐后，何不约上三五好友一起在小巷子里寻找美食呢？在熙熙攘攘的人群中挤来挤去，手里拿着不止一样的小吃，谈笑风生、边走边吃是另一番享受。

学会在平淡中寻找幸福和快乐

　　平淡的生活只是开门七件事：柴米油盐酱醋茶。平淡的生活是每天做不完的生活琐事：带孩子、洗衣服。平淡的生活是一杯茶，一声问候。平淡的生活是规律、是习惯、是你每天的视而不见。平淡的生活是一天下来你也不知道都做了些什么，忙了些什么。平淡的生活是……人生路是崎岖不平的，总会遇到高山险川，那是你施展才华、铲除障碍的时刻。但人的一生大部分时间是在平淡的生活中度过的。在这平淡中有着深情有着实实在在的幸福。因为爱是发自内心的，发自内心的爱将真心感动着这个世界。

　　记得一位母亲在女儿十周岁生日的时候，把她叫到身边。母亲把一个蓝布包慢慢打开，出现在她面前的是三个用散纸装订成的泛黄的本子，在她不解的凝望里，母亲说："这是你的日记——从你出生的那天，直到今天，你现在十岁了，可以自己记了，我把它交给你，你自己接着记下去吧！"

　　母亲的话很平淡，没有任何所谓的人生哲理。

　　当她翻开那本日记的时候，她一生中最美丽的前十年便出现在眼前：她哪天会发哪几个音节了，哪天流鼻涕了，哪天尿了几次裤子，哪天又生病装小狗了……

　　真爱和幸福往往是在最平淡的生活中体现出来的，如果生活给了你快乐，那就让我们从这最平凡的小事中去体味生活的幸福吧。

　　我们时常会感动，会被一些生活细节感动。当你走过街区，当你不经意地回头，你为一双一直牵着的手、一个意味深长的拥抱感动了吗？

　　麦可和我都没注意到刚刚女侍已将食物送上来。我们正坐在纽约市闹区外第三街上的一家餐厅里。刚送来的薄卷饼香味四溢，但一点儿也不影响我们的谈话。过了许久，薄卷饼承受不了酸奶油的侵蚀已塌陷下去。而我们的谈话仍持续着，几乎忘了美味的食物。

麦可和我正热烈地讨论着前天晚上看的那部电影，评论着我们刚刚结束的文学研讨会，及他如何奋力摆脱幼稚的自己成为如今一个成熟个体的过程。那时是十二岁，或十四岁？他也记不得了。他的母亲曾经哭着对他说，他长得太快了。后来，当我们享受着蓝莓卷饼时，我想起我小时候的故事。我说，以前，每次我姐姐和我去拜访住在乡下的表哥时，总爱去采蓝莓，我还记得我一定要摘完一大篮后，才肯回去。我的婶婶老是警告我说，不一会儿我就会肚子痛得哇哇叫。当然，从来没有真的发生过。

当我们甜蜜的对话持续进行着时，我不经意地看见坐在餐厅角落里的一对老夫妻。老太太身上的花色洋装就像放在她磨旧了的手提包下的靠垫一样退了色。老先生的头顶就像是他桌上的那颗剥了壳的水煮蛋般闪闪发亮。两位老人正慢慢地吃着燕麦粥。

其实，吸引我目光的是他们之间泰然自若的宁静，对我而言，似乎是种忧虑的空虚在那角落里蔓延。反观麦可和我，我们私语、我们嬉笑、我们讨论、我们批评，那对老夫妻强烈的寂静让我陷入沉思。"真是令人感到难过。"我想，"已经没话可说了。难道没有什么新鲜事可以彼此分享了吗？如果相同的情形发生在我们身上，该怎么办？"

我们买了单离开。当我们经过那对老夫妻坐的角落时，我的钱包意外地掉到地上。弯下腰捡钱包时，我发现老夫妻在桌子下手牵着手。"他们一定常牵对方的手。"我想。

我挺直腰，为这样简单却又深刻的爱的方式感动了，并庆幸自己有此份殊荣目睹。老先生对老太太皱巴巴的手如此温柔的关怀，不仅温暖了这块我原本认为空虚的角落，也填满了我的心。他们之间的寂静，不是如坐针毡，也不是第一次约会的尴尬，而是舒适、轻松、温柔的爱，他们明了不是每种感觉都得依靠言语来表达。老夫妻如此宁静地分享这段早晨时光可能已经很久了，今早也没什么不同。他们平静地对待这样的相处，平静地对待彼此。

"如果，"麦可和我走出餐厅时，我想，"有一天我们也变成那样，或许没有那么糟，或许也还不错。"

也许你生活在幸福和快乐中而不自知，那么请你想想：

下班回家，父母是否已经做好四菜一汤？

起床了，匆匆地梳洗完毕，嘴里边嚼着早点边穿鞋子，是否接过父母递过来的书包背在身上开门而去？

外出回家，哪里都没有老公的影子，突然老公从门后跳了出来，吓你一跳，你是否用拳头不停地打在老公的身上？

晚饭后，和老公牵着小狗去散步，边走边听他说着一天的见闻。风吹过来，老公是否给你从后边把衣领翻起挡着寒风？

和同学一起去旅游，父母把所有要带的用品都收拾好。嘱咐这嘱咐那。旅游回来后去洗澡，等洗完出来父母是否已经把旅行包里的东西取出，该洗的在洗衣机里洗着，其他的都收拾整齐？

还有很多很多……难道那都不叫幸福吗？

生活本身就是琐碎的平淡的。间或有些亮丽的色彩或动人的小插曲。那也只是平静的生活河流中偶尔激起的涟漪，过后总会归于平淡。

幸福是什么？幸福是一种感受、是一种体验，全凭你自己在生活中细心地体会。用你善感的心灵去慢慢地捕捉那让你感动的点点滴滴，那么你就会在平淡中感受到幸福，体会到快乐！

时刻懂得奖赏自己

遇到烦恼的时候，你要想如何让自己更快乐；遇到挫折的时候，你要想成长的机会要来临了；遇到压力的时候，你要告诉自己，我一定要享受这工作的乐趣和过程。

有时候身边的事也可能像到远方冒险一样有趣，你没有能力去影响所有事情的发展，但必要时你可表达出自己负面的不满情绪，不要吝于给自己一些奖赏。

俗话说："不想当将军的士兵不是好士兵。"是的，生活中，人人都渴望成为将军、成为明星、成为富人。然而，我们毕竟是凡人，不可能挥动手上的"拂尘"梦想就会实现。不必太在意生活中的荣誉、事业上的花环，只要你认真地做好每一件平凡小事，然后给自己一个小小的奖励，你就不会在得不到殊荣时痛苦懊恼，在成不了将军时自暴自弃，在当不上明星时嗟叹不已，在得不到大奖时怨天尤人了。

奥运金牌显赫、耀眼，奥斯卡金像奖华贵、迷人，诺贝尔奖至高无上，能获此殊荣，自然是一种幸运，然而这种巨奖，普天之下得到的又能有几人？记得老师曾经告诉过我们，不要总羡慕那些伟大的、有身份的、有地位的人，泱泱大国13亿人口，他们加起来也不过是可以忽略不计的数字。所以，得不到殊荣，不必懊恼，没有这些，我们的生活不照样有滋有味吗？我们的人生不同样充满生机与希望吗？是的，我们的生活平凡几近庸碌，我们的工作普通几近无闻，可就在这平凡与普通中，我们可以享受到许多可爱的小事，我们随时可以给自己奖赏！

往往老板是你所尊敬的，至少是想取悦讨好的，所以你宁肯不计报酬加班加点，只为了表明他吩咐的每一件事，对你来说都是头等要紧的大事。每一个case你都处理得令他满意，甚至做得比他要求的还好。最后你紧紧张张地问他："您看了那份报告了吗？"只得到一句冷冰冰的："哦，看了，谢谢。"

别老指望上司的褒奖之词。当碰到吹毛求疵或者吝于夸赞的上司，就要学会给自己定目标，学会犒劳奖赏自己。久而久之，总会对你有好处的。

工作了一天，回家为自己煮一杯咖啡，享受浓郁的芬芳，你会感到无比舒畅；穿上围裙，打开最喜欢听的音乐，和着音乐的节拍，收拾房间时，你的心情一定会更加轻松、愉悦；周末和朋友小聚，海阔天空地畅谈，你会从中汲取鼓励与力量；完成一个阶段的工作，给自己放个假，投入大自然的怀抱，你会感受到上帝的宠爱；月末拿着辛苦一个月的所得，给自己买件衣服，收获别人的羡慕，你会觉得生活是那样美好；用平时节省的积蓄，为父母买一些生活必需品，你会感到些许宽慰；三八节给自己买束百合，感受一天好心情……

做一件事情，你可以高高兴兴、快快乐乐地去做，也可以很痛苦地去做，假如你能够选择快乐，为什么要选择痛苦？要知道：快乐是一种选择，痛苦也是一种选择。做每一件事情，我们都要选择快乐，选择享受。每当想到做完之后会有一份奖励在等着自己时，怎么会不快乐呢？

如果你善于自我奖励，那么你将沐浴在一种完全积极、胜利的环境之中，可能你身上的衣服、鞋子、眼镜、手表，家里的摆设、用品……任何一件东西背后都有其光辉的意义，那么它们所带给你的效果，不亚于那些锦旗和奖牌。

每个人都是一道风景，或许平凡或许美丽。每个人都喜欢得到奖赏，因为那是一种发自内心真诚的赞美，更是一种由衷的祝福。懂得了奖赏自己，也就学会了宽容别人，在奖赏自己的同时，也会为别人送去一份至诚的奖励，让他知道，他在你心目中的位置。

请不要吝啬，尤其对自己，请随时地奖赏一下自己，不要忘了你自己才是你最忠实的观众。

善待自己，关怀自己，就是对生命的奖赏！

第二章

梦想——如烟花般灿烂和易逝

为自己列一份梦想清单

梦想这个词对你来说，是熟悉，还是陌生？记得从儿时起我们就怀揣各种各样的梦想。随着年龄的增长我们的梦想也在不断地发生变化，曾经年少为梦想不断努力，有人坚持下来了，有人放弃了，那你呢？你是否还记得你的梦想，还在为此不断努力，还是早已忘却了丢弃在一旁？

童年时的约翰·戈达德，每当有空的时候，总会拿出祖父在他6岁那年送给他的生日礼物——世界地图，凝视着，然后去想象到世界各地游玩。

15岁那年，这位少年一口气写下了127项人生梦想：要到尼罗河、亚马孙河和刚果河去探险，要登上珠穆朗玛峰、乞力马扎罗山，要驾驭大象、骆驼、鸵鸟和野马，要探访马可·波罗和亚历山大一世曾经走过的道路，要主演一部《人猿泰山》那样的电影，要读完莎士比亚、柏拉图和亚里士多德的所有著作，要谱写一部乐曲，要把自己的经历写成一本书，要拥有一项发明专利，要给非洲的孩子筹集100万美元捐款等。毋庸置疑，这是一场马拉松式的漫长征程。

60岁时，约翰·戈达德经历了近20次死里逃生和难以想象的艰难险阻，已经完成了其中的106个目标。约翰·戈达德常说的一句话是：我决不放弃任何一个梦想，一有机会我就出发。

列下一个梦想清单，制订一个切实可行的计划，确保每一步都是朝着正确的方向在前行，并不因为各种理由就放弃当初的梦想。生活中会出现各种难以预料的状况，但是我们必须有足够的毅力和决心来完成清单上的梦想。专注于生命中的目标或最初的梦想，在你的旅程中就会吸引越来越多能帮助你的人、环境和资源。事实上，将精力集中于你最初的梦想，或最终的梦想，是实现梦想最有效的方法。

那么我们该如何制订属于自己的梦想清单呢？为自己泡一壶茶，静下心来想一想自己的梦想有哪些，拿出一张纸，把它们一一记录下来。

把你的梦想一个个写下，不管是想成为世界首富这样的大梦想，还是和幼年时的伙伴再见一面这样的小梦想，都可以认真地写下来。只有这样，才能有计划地去完成它们。不要以为这个方法很幼稚，就连著名的成功学大师陈安之也这样做过。

他12岁时随亲戚到美国读书，过着半工半读的生活。他曾经做过18份工作，卖过菜刀、做过汽车销售员、当过餐厅服务员……在他20岁的时候，尽管做过这么多工作，他的存款仍然为零。

一次，他在看车展时，一辆奔驰S600令他艳羡不已。他很想过上好的生活，拥有这样一辆豪华的车！他站在车子旁边，让太太给他拍了一张照片，并把这张照片钉在墙上。

后来，他不断走向成功。他的助理向他讨教成功经验时，他就告诉助理说："你要成功的话，就要把自己的梦想钉在板上，贴出来。"说着他从一个牛皮纸袋里拿出那张自己和奔驰S600的合影，照片上有被钉过的小孔。他接着说："以前一直觉得这辆车实在太贵，不敢买。后来，就把它钉在梦想板上，天天看，并朝这个目标奋斗，最终梦想实现了。"他说，自己一直把梦想贴出来，挂在自己的房间里，实现一个，收起来一个，放到抽屉里。从小目标到大目标，最后他所定的目标基本都实现了。

也许实现梦想并没有那么难，只要有明确的目标、实现梦想的决心和努力，实现梦想指日可待。

单纯地朝着梦想出发。

每个人都有属于自己的梦想，也许这梦想有点遥不可及，也许有人会说你是在做白日梦，很多人会在渐渐忙碌的生活中忘记自己的梦想。而那些自始至终都在朝梦想出发的人，离自己的梦想还有多远呢？很多人已经实现了吧。

阿甘是一个智障儿，他头脑简单，想问题单纯，目标单一，行动始终如一。结果，他成功了！为什么？我国古代的哲人老子说过这样一句话："少则得，多则惑。"也就是说单纯的人容易成功！

当一群孩子要欺负阿甘的时候，他的女伴珍妮告诉他："快跑！"跛脚的他单纯地听从了，没命地跑，快得超过了正常的男孩；球场上，教练告诉他："什么都别想，抢到球就跑！"他又单纯地听从了，结果他跑来了大学毕业证，跑成了"球星"；他上越南打仗，他的上级告诉他："遇见危险就跑！"他再次单纯地听从了，结果不但平安归来，还跑成了"国家英雄"；阿甘决定实现朋友的遗愿，什么也不想，一直在大海里捕虾，结果成了相当有钱的商人。后来阿甘遇到自己难以解决的人生难题，他便想起了跑步。结果这一跑，就是3年，有了世界不同地域的追随者……阿甘善于把所有的问题都简单化，简单到了只剩下直奔成功。

《阿甘正传》之所以能够成为一部经典的电影，正在于它告诉我们：单纯地朝着梦想出发的人，都会有实现梦想的那天。人生就像巧克力，你永远不知道下一颗是什么滋味。阿甘并不是一个内心复杂、聪明的人，他唯一的优点就是单纯、执著，而这个优点成就了他的一生。

相信很多人都比阿甘聪明，也许我们只差一点点的单纯。太过于计较得失的人，会在梦想面前犹豫不决。他们甚至会计算为了达到梦想他们要付出多少时间和金钱。在追求梦想的路上被这些琐事绊住脚，是多么不值得。

陈楠是一个贫困山村的中学教师。有一次他要求学生以自己的未来理想为题写一篇作文。

一个名叫小轩的孩子兴高采烈地写下了自己的梦想：他梦想将来有一天可以当个著名的画家，在一个很大的城市，开一个很大的画室，设计出闻名世界的艺术品……他在作文中详尽地描述了画室的未来蓝图。

第二天小轩兴冲冲地将这份作业交给了陈老师。然而作业批回的时候，老师在第一页的右上角打了个大大的"叉"，并让小轩去找他。陈楠打量了一下眼前这个穿得又脏又破的小男孩，认真对他说："小轩，我承认你这份作业做得很认真，但是你的理想离现实太远，太不切实际了，你从来没有学过绘画，再说咱也没有那样的条件啊。"

小轩一直保存着那份作业，正是这份作业鞭策着小轩，一步一个脚印不断跨越创业的艰难。多年后小轩终于如愿以偿地实现了自己的梦想。

在我们实现自己梦想的行动中，心中的杂念和无谓的争斗只会消耗你的能量，让自己失去方向。能做到单纯地朝着自己的梦想出发的人，也会如阿甘那样，事事顺利，在自然而然中，成功就会来敲门。

选择一个自己喜欢的工作

"倘若你不是欢乐地却厌恶地工作,那还不如撇下工作,坐在大殿的门边,去乞求那些欢乐地工作的人的周济。"这是纪伯伦对不努力工作的人的劝诫。我们在这世界上扮演了很多角色,我们是孩子、是朋友、是亲人、是爱人,还有一个重要的角色,那就是同事。我们都需要工作来赚取金钱,我们需要工作也不仅仅是为了想换取金钱,我们的生命价值也需要通过工作来实现。

选择一个自己喜欢的工作,我们就会投入到这工作中而不知疲累。工作带给我们的是充实、饱满的生命力。从工作里爱了生命,就是通彻了生命最深的秘密。如若我们不热爱这份工作,那么对待工作的态度就是消极的。我们也在一天的消极中丧失了热情和斗志。在我们选择工作的时候,就确定自己的兴趣和爱好吧,认真权衡之后,再作决定。一个对于工作感到不满、不能快乐工作的人,不管他如何努力,绝不会有卓越的表现。许多证据说明:大多数的失败,都是由于人们对工作不喜欢,没有投入到工作中去。

有这样一个发人深省的小故事:某所大学的图书馆经常有读者将书籍放错位置的现象,为此不得不雇用一些大学生做临时工,以协助管理员将书籍放归原处,大多数同学认为这份工作非常枯燥乏味而迅速地辞职走人,只有一个瘦弱的小伙子心想:干这个工作可不有点像侦探寻找破案线索一样吗?这个奇妙的想法将原本枯燥的工作设想得非常生动诱人,小伙子两眼放光、精神抖擞地投入到工作中去。

虽然因为生疏,第一天他只查到了几本书。但他对工作的特殊兴趣和热情投入,使他很快便掌握了技巧和经验,查到的数量与日俱增。当这个小伙子离开这里时，图书管理员依依不舍，同时心里暗想：这个小伙子日后一定能成大事。果然，多年后，他成了一家著名大公司的董事长。

在你工作的时候，你是一管笛，从你心中吹出时光的微语，变成音乐。

你们谁肯做一根芦管，在万物合唱的时候，你独痴呆无声呢？

你们常听人说，工作是祸殃，劳力是不幸。

我却对你们说，你们工作的时候，你们完成了大地的深远的梦之一部，他指示你那梦是何时开头，而在你劳力不息的时候，你确在爱了生命。

发自内心的喜欢和爱总是会使人充满动力，找一个我们正在热爱的工作，也许这工作没有高薪，甚至很少有节假日，但是这有什么关系呢？我们喜欢的就是这样一份工作。当化妆师为新娘化妆的时候，他会把它当成一种艺术创作，一边工作一边享受过程中的美感；每当画家完成自己的作品时，不但不会觉得疲倦，反而有时候会被自己所创造出来的美而感动。

人生就是一连串选择的过程，每一个人都应该选择一个比较适合自己的生活方式，选择职业更是如此。认真地对待自己所选择的职业，这样也是对自己负责。也许有人一辈子都在从事一个职业，而且从不感觉厌烦，这就是兴趣和热爱的力量。我们没有权利选择生命的长度，但是我们可以选择生命的宽度。在占据我们一生大部分时间的工作方面，更要慎重选择。

享受工作的乐趣

大约半个世纪前，有个心理学家进行了一项有趣的实验：将实验人群分成三组，比试完成一份极为枯燥乏味的工作。工作做完后，第一组要认真地向其他人说这项工作多么有趣。通过测试，发现第一组的人要比其余两组都更喜欢这项工作。

这个实验说明的是心理学上一个公认的理论：当人面临认知上的矛盾时，必然会产生认知上的失调，失调之后则会寻求恢复平衡。正如实验所说明的，虽然工作枯燥，却还要向别人说它多么有趣，慢慢地自己都真的认为这项工作很有趣了。

常有人说，"工作是祸殃，劳力是不幸"。把工作当成是祸殃的人，一生都不会享受到工作的乐趣，只会在背后抱怨工作的烦恼。

在我遇见班奇太太之前，护理工作的真正意义并非像我原来想象的那样。"护士"两字虽然是我的崇高称号，谁知得来的却是三种吃力不讨好的工作：替病人洗澡，整理床铺，照顾大小便。

我戴上全套用具进去，包括口罩、手套和围裙，护理我的第一个病人——班奇太太。

班奇太太是个瘦小的老太太，有着一头白发，全身皮肤像熟透的南瓜。"你来干什么？"她问。

"我是来替你洗澡的。"我生硬地回答。

"那么，请你马上走，我今天不想洗澡。"

使我吃惊的是，她眼里涌出大颗泪珠，沿着面颊滚滚流下。我不去理会这些，强行给她洗了澡。

第二天，班奇太太料到我会再来，准备好了对策。"在你做任何事之前，"她说，"请先解释'护士'的定义。"

我满腹疑云地看着她。"很难下定义，"我支吾道，"做的是照顾病人的事。"

说到这里，班奇太太迅速掀起床单，拿出一本字典。"正如我所料，"她说，"连该做些什么也不清楚。"她翻开字典上她做过记号的那一页慢慢地念，"看护：护理病人或老人；照顾、滋养、抚育、培养或珍爱。"她"啪"的一声合上书，"坐下，小姐，我今天来教你什么叫珍爱。"

我听了。那天和后来许多天，她向我讲了她一生的故事，不厌其烦地细说人生中的教训。最后她告诉我有关她丈夫的事："他是高大粗壮的庄稼汉，穿的裤子总是太短，头发总是太长。他来追求我时，把鞋上的泥带进客厅。当然，我原以为自己会配个比较斯文的男人，但结果还是嫁给了他。"

"结婚周年，我要一件爱的信物。这种信物是在金币或银币上刻两个人名字的简写，用精致的银链穿起，在特别的日子交赠。周年纪念日到了，贝恩起来套好马车进城去，我在山坡上等候，目不转睛地向前看，希望看到他回来时远方扬起的尘土。"

她的眼睛模糊了："他始终没回来，第二天有人发现那辆马车，他们带来了噩耗，还有这个。"她毕恭毕敬地把它拿出来，由于长期佩戴，它已经很旧了，一面有细小的心形花形图案环绕，另一面简单地刻着："贝恩与爱玛，永恒的爱。"

"但这只是个铜币啊，"我说，"你不是说是金的或银的吗？"

她把那件信物放好，点点头，泪盈于睫："说来惭愧。如果当晚他回来，我见到的可能只是铜币。这样一来，我见到的却是爱。"

她目光炯炯地看着我："我希望你听清楚了，小姐。你身为护士，目前的毛病就在这里。你只见到铜币，见不到爱。记着，不要上铜币的当，要寻找珍爱。"

我没有再见到班奇太太，她当晚死了。不过她给我留下了最好的遗赠：帮助我珍爱我的工作——做一个好护士。

既然每天都要工作，何不把工作当成最美好的享受呢？工作带给我们新鲜的感受，工作让我们的生命每天都是新的，工作让我们认识了更多的好友。学会享受工作的乐趣，我们才能真正地学会享受生活。工作是能看见的爱。

和别人合作完成一项工作

詹姆斯说:"如果你能够使别人乐意和你合作,不论做任何事情,你都可以无往不胜。"只有完美的团队,没有完美的个人。也许你的工作能力很出众,但如果你喜欢独来独往,而不愿与他人交流合作,你就无法达到事业的顶峰,也很难获得职位上的晋升,最多只能赢得一个技术权威的头衔,至于行政上的职务,恐怕更与你无缘了。

在如今的工作中,很多工作都需要许多人互相配合,只知道单打独斗、埋头苦干,而没有团队合作精神的人,是无法真正发挥自己的能力的。IBM的人力资源部经理这样说:"团队精神反映了一个人的素质,一个人的能力很强,但团队精神不行,IBM也不会要这个人。"相信不仅仅是IBM,其他的公司也会有这样的要求。与他人合作,获得的不仅仅是成功,还会在合作的过程中体会到合作的乐趣。几个人在一起为同一个目标努力,一起想办法解决困难,还会加深同事之间的友情,使本来沉闷的同事关系变得开朗起来。

大学毕业后,他进入一家广告公司做文案工作。他认为自己的文笔优秀,对文案的常识也非常了解,在工作中,总是按照自己的想法和思路去写,结果总是不符合上司的要求。

有好心的同事建议他请教一下富有经验的文案总监,在文字的画面感上多和设计师商量商量,但他却认为这个同事有些轻视自己,便漠然对待同事的建议。

几个月过去了,他所写的几十篇文案全部被客户否定了,公司的同事也因为他的性格傲慢自负,而整体排挤他。鉴于这样的情况,上司直接辞退了他。

这是个很常见的案例，但却值得我们反省。如今在工作的80后有一个总体性格特征，那就是"自我主义"倾向。虽然在家和学校，这种"自我主义"的"危害"并不大，但这种性格不利于在讲究协作和团队精神的现代化公司里生存和发展，要想征服自己的工作，就要学会改变自己的"自我主义"倾向。

一加一等于二，这是简单的算术，但用在团队合作所产生的业绩上，就可能是一加一大于二，团结就是力量，这是再浅显不过的道理。

与他人合作的关键是要有容人之心。这就要求我们对自己有一个正确的评价，只有清醒地看到自己的弱点，才能产生与人合作、共同发展的强烈愿望。试着放弃自己一直坚持的独立创作，敞开自己的心扉，选择和自己有着共同志向的人，一起来完成艰巨的任务。朋友永远都是最温暖的依靠。

夏日甘霖为绿油油的植物带来生机；潮水退去，露出食物供海鸥取食；树叶落在大树脚下，慢慢腐化，供给树木充足的养分。正如每一种生物都为整体的利益而发挥自己的作用一样，世界上没有仅仅依靠自己就能成功的人，任何成功者都得站在别人的肩膀上。

我们都需要帮助，我们都曾借助别人之手起家，并对无数的人心存感激。正是他们花费宝贵的时间鼓励、教导我们，为我们敞开机遇的大门，需要时，不辞辛劳地从底下把我们托起。

创一次业，无论成功与否

我们听过各种各样的创业故事，从李嘉诚到马化腾，每一个成功人士的创业故事都很激励人心。每个人都是这世界上独一无二的人，那些成功经验更不可能被模仿。也许我们会成功，但是这成功的道路，也是崎岖泥泞、充满艰辛的。在这仅有的岁月中，选择去创业，不论成功还是失败，我们都无怨无悔了。

那是1883年8月的一个清晨，加布里埃尔·香奈儿在法国西南部的小镇索米尔出生了，她的父亲是个小批发商，在她母亲生下她不久，父亲就抛弃了她们。母亲含辛茹苦地把她拉扯到6岁，不久就在一场大病中不幸去世，香奈儿成了一个孤儿，被送进了当地教会办的孤儿院。

长大后的香奈儿与当地名叫艾蒂安·巴尔桑的富家子弟一见钟情，坠入爱河。但香奈儿不愿长期住在偏僻狭小的穆兰小镇，她迫切想出去见见大世面。于是，在20世纪初，巴尔桑把乡下孤女香奈儿带到了世界大都市巴黎。

到巴黎后，香奈儿激动不已，外面精彩的世界让她感到无比新鲜。凭着女性特有的爱美天性，在这五光十色、拥挤繁华的大都市中，香奈儿发现了一片亟待开垦的处女地，那就是巴黎妇女们毫无时代感的着装穿戴。

香奈儿经常流连街头，细心地观察研究过往行人的衣着，觉得他们的穿着既保守又没有时代感。于是她内心生发出一个梦想，让美丽的时装装扮这个都市，自己也决心当一名勇敢的拓荒者。

可是她的男友巴尔桑对她的雄心壮志既不支持又不理解，两个人为此经常发生争吵，最后不得不分道扬镳。

在陌生的巴黎，一个弱女子要想开拓一番事业是不容易的。在这关键时刻，卡佩尔向她伸出了援助之手。这个生性随和、不拘小节、家境富裕的异邦人，非常支持香奈儿献身服装业。

凭着强大梦想激发的力量，香奈儿小试锋芒便旗开得胜，这让她信心大增。她迈的步子越来越大，大胆设计、自行缝纫，全身心地投入到服装改革之中。

香奈儿服装店的规模一年比一年大。她在康蓬大街接连买下5幢房子，建成了巴黎城最有名的时装店。

1922年，香奈儿引进并按她所谓的幸运数字命名的"香奈儿5号香水"，又一次大获成功。1924年，香奈儿创建了香奈儿香水公司。畅销全球的香水为香奈儿的事业提供了雄厚的财政基础，使她成为当时世界上声名赫赫的富婆。她从一个只有6名店员的小老板，变成了一位拥有4家服装公司、几家香水厂以及一家女装珠宝饰物店的大企业主了。1953年，71岁的香奈儿向媒体宣布：她要举办个人时装设计作品展，并将香奈儿服装推销向美国及全世界。

加布里埃尔·香奈儿在世界时装业中独占鳌头60年之久。她自己也成为了长盛不衰的时装女皇。

创业是一件风险极大的事情，成功或是失败都在自己掌握。努力不一定会成功，但不努力就一定会失败。创业是一件适合有冒险精神的人去干的一件事。做事畏首畏尾的人，缺乏从容的心态去面对创业可能带来的失败和打击。

创一次业，并全力以赴，无论成功与否。如果你一直活在别人的管理下，你将永远无法知道，你的张力有多大，你的思维有多活跃，你的韧性有多强。就用一次创业来证明自己的实力吧，就算失败，这人生也不会留下什么缺憾了。

布置你的工作环境

让你的工作环境看起来正如你想要的样子，不管是走廊的一张桌子或是100m²大的办公室。整个布置要有属于你个人的风格，使它成为你工作时最好的环境。周末去小商品市场，淘来一些简单并有风格的小物件，摆在桌子上。买一个盆栽，最好是防辐射的仙人掌，放在电脑旁，既保护自己的皮肤又能美化环境。把资料整理得干净整齐，分门别类有顺序地放好。这样的工作环境会让人心情舒畅，就连工作效率也会提高不少。

环境在工作中起着很大的作用，不同的工作环境能产生不同的影响。谷歌的工作环境常常被人津津乐道。办公室有各种风格，帐篷样式的、玩具店样式的，我们还可以在谷歌看见工作人员的宠物狗，餐厅和休息室更是别具特色，涂鸦的墙壁，员工自己的作品都可以装订在墙上。各种娱乐设备也应有尽有，乒乓球、桌球游戏，就连小孩子喜欢的轨道赛车也尽在其中。谷歌每年都会举行办公环境布置比赛，这样宽松、舒适的办公环境，会在不知不觉中减少工作人员的压力，让他们有更好的心态去面对各种技术难关。

科学家研究表明，黄色最能振奋精神，使人集中注意力、精神焕发，进而充满工作斗志，甚至会刺激人们产生更多灵感，所以黄色是办公室的最佳颜色。看看我们的办公室的色调，是不是还是以白色为主呢，何不作一点小小的改变，也许真的可以提高工作效率，激发灵感哦。除了改变办公室的基本色调，还要注意的一点就是要合理放置办公室的基本设备，如打印机、电话、传真机等。打印机和电话不能放得过近，这样会使两个机器都受到影响，甚至会出现不能正常工作的现象。

除了布置办公室的硬件设备以外，恐怕最重要的就是让办公室的软件环境也变得融洽起来。同在一个办公室，每天都少不了产生一些摩擦，如果我们斤斤计较的话，办公室的气氛肯定不会融洽。这样一来，就算外部环境再好，我们也无法愉快地工作了。

工作作为我们生活中最重要的一部分，我们当然要认真对待。一个好的办公环境真的会对我们的工作有积极的影响。记得有人说过，"要是把公司环境布置得比家里的环境还要好，那么员工就会喜欢来上班，甚至加班"。这句话说的也不无道理，毕竟人们都喜欢待在良好的环境中。花一点小心思，使自己的工作坏境变得更好，有一点小改变，心情也会跟着发生改变。

向追梦路上的困难挑战

困难是一块石头，对于强者，它是铺路石。对于弱者，它是绊脚石。

困难是一块磨石，把强者磨得更加坚强，把弱者磨得更加脆弱。

困难是悬崖上的独木桥，强者把它当做捷径，弱者把它当做绝境。

困难是火焰，强者视它为指路明灯，弱者见它逃之夭夭。

困难是狂风，强者是风中的帆，弱者是风中的沙。

困难是难题，强者会寻找捷径，弱者只会原地踏步。

困难是一个严厉的导师。

——贝 克

对于困难，有各种各样的解释。由于人面临的环境不同，对于困难的解释也不尽相同，但是面对困难的态度却很相似，或者妥协，或者挑战。在困难面前也只有两种人，一种是强者，另一种是弱者。

梦想就是一个神秘的事物，我们想要揭开它神秘的面纱，必须经历无数的困难，追梦的道路注定是一条不平坦的道路。在这条路上行走的人，除了需要勇气，还需要十足的耐心。任何通向成功的道路都不会是一帆风顺，任何人要赢得胜利都要付出代价。不经历风雨，怎么见彩虹？没有人能随随便便成功。遇到任何困难都不要退缩，遇到任何艰辛都不要轻言放弃，也许那是黎明前最黑暗的时刻，闯过去便是光明的未来。

挑战困难，我们的结果有两种，一种是成功，另一种是失败。向困难妥协，我们得到的结果只有一种，那就是失败。勇于挑战才有机会成功，而直接放弃挑战的人，永远都没有机会再接近梦想。

在日本有一个流传很广的故事。古时候日本渔民出海捕鳗鱼，因为船小，回到岸边时鳗鱼几乎都死光了。但是，有一个渔民，他的船和船上的各种捕鱼装备，以及盛鱼的船舱和别人都完全一样，可每次回来他的鱼都是活蹦乱跳的。他的鱼因此卖的价钱高过别人一倍。没过几年，这个渔民就成了远近闻名的大富翁。直到身染重病不能出海捕鱼了，渔民才把这个秘密告诉他的儿子。

原来这位渔翁只是在盛鳗鱼的船舱里，放进一些鲇鱼。鳗鱼和鲇鱼生性好咬好斗，为了对付鲇鱼的攻击，鳗鱼也被迫竭力反击。在战斗的状态中，鳗鱼生的本能被充分调动起来，所以就活了下来。渔民还告诉他的儿子，鳗鱼死的原因是它们知道被捕住了，等待它们的只有死路一条，生的希望破灭了，所以在船舱里过不了多久就死掉了。渔民最后忠告他的儿子，要勇于挑战，只有在挑战中，生命才会充满生机和希望。

故事中的鳗鱼在有竞争对手的环境里反而活得更好，就同我们人类一样，在遇见困难的时候，就会激发起斗志，这样才能达到目标。正如那位老人说的，只有在挑战中，生命才充满了生机和希望。

还记得上高中的时候，班主任经常会说一句话："困难是弹簧，你弱它就强。"这是一句直白的话，却很有道理。困难就是一个有弹性的事物，它没有绝对的力量，它和人的勇气是一个此消彼长的关系，当我们惧怕它时，它就会变得更加强大，当我们勇敢面对它时，它就变得简单而软弱。

有两只青蛙在沙漠里迷了路，它们努力寻找逃离沙漠的出路。但是走了很久，仍然是一片黄沙。青蛙又饿又渴，它们无法往前再前进了。

最后，它们倒在一块石头前。青蛙A看见眼前并没有什么去路，心里也完全放弃了生存的希望。慢慢地，它就让生命结束了。青蛙B不轻易放弃希望，它用尽最后的力气将大石头搬开，希望移开石头，继续前进。

结果，它成功移开石头的同时，源源不断的水一涌而出。因为没有放弃希望，青蛙B重获新生。

想要完成梦想，就必须承受这一路上的风风雨雨、坎坎坷坷。梦想不会越来越远，只要我们勇敢地向它走去。那闪闪发光的、有着强大吸引力的梦想，就在我们看得见的地方。

体验一次失败的经历

　　如果你懂得承受失败，你就会理解成功的本质，因为成功就是要有欲望、要冒险、要受到伤害、要全心投入并且不论后果如何都觉得非常美妙。人生不如意事十之八九，任何人都不例外。没有成功是不需要代价的，没有人生是一帆风顺的。失败的意义就是让我们学会怎样更好地成功。那句流传已久的话说，"失败是成功之母"。完满的人生需要有成功的色彩，当然也需要有失败的经历。

　　没有人喜欢失败，人人都想成为一个成功者。但是在人的一生中，遇到最多的并不是成功，而是失败。我们不能逃避失败，就要学会接受失败。每个人都有失败的经历，但是勇敢的人从中得到的是走向成功的钥匙，而有的人却只看到失败带来的痛苦。

　　我们看过很多名人的成功故事，我们不难发现，这些成功故事都有着一个共同的特点，那就是任何人的成功都是需要经历无数次失败的磨砺才能达到的。如果我们连一次失败的经历都不能接受的话，成功从何谈起？我们要知道失败对我们来说到底意味着什么，我们的生活会因为这次失败而受到多大的影响？实际上是我们对自己说我不能接受这样的失败，自己为自己设置了心理障碍。

　　失败是对一件事情结果的定义，我们在为做好这件事付出努力的过程中，得到的是比结果更重要的东西。我们不能要求事事都成功，但是只要为此付出了努力，就一定会有所收获的。对于成功我们也可以有不同的理解。

　　有时候你不必再去想应该有的回报。重要的是你有进取心，你有全身心投入的热诚，虽然为了达到目标而殚精竭虑但仍不失自尊。不要想事情的结果，如果你够努力的话，一定会有某种成就。爱迪生曾说他不得不发明电灯泡，因为他别的事都已失败了。

众所周知，肯德基的创始人哈兰·山德士在88岁才真正拥有了成功。他出生在一个并不富裕的家庭里，并且在他6岁那年，父亲去世了，只剩下他和母亲以及3个年龄幼小的孩子。母亲不得不外出打工，来养活一家人，而作为家里最大的孩子，山德士负责照顾年幼的弟弟妹妹们。

在他12岁那年，母亲再嫁了，他那时候才上小学六年级。由于家里的贫困，他不得不辍学去外地打工。在他年轻的时光中，他做过各种工作，粉刷工，消防员，卖过保险，还当过一阵子兵，后来他还得过一个函授法学学位，使他能在堪萨斯州小石城当上一段时间的治安官。就是过着这样颠沛流离日子的他，并没有失去信心。

人到中年的时候，他开了一个加油站，并且在加油站的附近开了一家餐厅，售卖炸鸡。当时他的生意很好，但是随着二战的到来，加油站倒闭，餐厅也由于修路的关系被迫关闭，他的人生又陷入低谷。而此时他已经65岁了。相信很多人在65岁的时候早已放弃了人生的梦想，安度晚年了，可是他却在88岁的时候将自己的炸鸡店成功推广，并成为如今享誉全球的肯德基品牌。

失败之于懦弱的人，是一个无法逾越的鸿沟；失败之于勇敢的人，是一个走向成功的必不可少的阶梯。我们在心底对失败是怎样认识的呢？失败不是一个人的事情，全世界每天都有很多人面对失败，而从失败走向成功的却寥寥无几。这也说明了，很多人都无法正确地看待失败，被一次失败打翻的人也比比皆是。

体验失败，品味失败后的人生况味。不独有心酸，也有难得的豁然。

对自己有恰当的期望值

每个人在认识这个世界之前，都要认识自我。自我认识是否恰当也是我们在社会中能否很好地对自己定位的前提。对自身能力估计过高，就会使自己对未来的期望值加大，这样在实际工作中，就会暴露出很多弱点，往往不能按时完成任务。而过低的期望值也会给工作和生活带来麻烦。所以说，正确看待自己的实力，对自己有一个恰当的期望值，对工作的完成和目标的设置更有好处。

我们经常形容一个人好高骛远、眼高手低，这是因为对自己缺乏正确认识，从而有了较高的期望值。如果我们对自身都不能够正确认识，或是认识到了却不愿意承认，给自己穿上一件虚伪的外衣，在欺骗别人的同时也欺骗了自己。生活就是一面镜子，我们对它做怎样的动作，它就会以怎样的动作回复我们。

同样，对自己的期望值过低也是不正确的，因为在生活的各个方面，我们都会遇到困难，如果一味地以为自己不行，没有能力解决困难的话，就会使自己丧失很多成功的机会。如何对自己有一个恰当的期望值呢？看清自己才是最关键的步骤。

正确认识自己，就要看清自己的成绩和长处。一个人能有所成就，肯定有自己独特的能力，但能力是一方面，机遇也是很重要的，主观因素和客观机遇同时存在，才造就了目前的成绩。因此，绝不能单纯强调自己的主观努力，忘记别人和社会为你创造的条件，一定要谦虚谨慎，老老实实做人，勤勤恳恳做事，否则成功迟早会丢掉你这块"料"。

弗鲁姆说："对期望值的估计要高低得当，这才有利于激励活动的正常开展，并取得良好的激励效果。期望值过高或过低，都不利于激励活动的正常开展，也难产生激励作用。对期望值估计过高，难于实现，易受心理挫折，对期望值估计过低，会因悲观而泄气，影响信心。两种情况都不利于调动人们的积极性，都达不到激励效果。"

也许以前，根本没有发现期望值对我们有这么重要的作用，我们对自己缺乏正确的认识和期望，做任何工作只是埋头苦干，有时会因为很难完成而情绪失控。

认识自我，客观地评价自我，才能找准自己的位置。能否真正认识自我、肯定自我，如何把握自我发展，如何抉择积极或消极的自我意识，将在很大程度上影响或决定一个人的前程与命运。

要在社会中快速立足并站稳脚跟，就必须对自己有一个全面、深刻的认识。古代希腊德尔菲神庙里的石碑上刻着象征人类最高智慧的神谕：认识你自己。中国的老子也指出："知人者智，自知者明。"孙子说："知己知彼，百战不殆。"先哲们不断地教导我们认识自己的重要性。全面地认识自己，就是不仅仅要认清自己的外在，还要了解自己的内在素质。

对自己的期望值有了恰当的认识，就会很好地把握自己的生活和工作，只有真正认清自己的人，才可能对一切有着清醒的认知。在追求成功的路上，这是一个必不可少的品质和能力。

对未来时刻抱有希望

希望是人的一生中最美好、最温暖、最不可缺少的事物。我们在这充满艰难的道路上行走，如果没有希望，那前途将是一片漆黑。对未来要时刻抱有希望，内心有希望的人，总会得到上天的帮助。我们在熙来攘往的街道上，可以轻易地看出一个人是否对未来抱有希望。不是因为我们有读心术，而是因为失去希望的人，脸上写满了悲伤。他们从不抬头挺胸地走路，他们只关注眼下的失意和挫折，他们不相信希望会带给他们任何的帮助。而事实是，内心时刻充满希望的人，才更受机会的眷顾。

但丁说过，"生活于愿望之中而没有希望，是人生最大的悲哀"。我们在生命的最初都有自己的愿望，对未来充满了各种想象。人总是越长大越孤单，孤单的连曾经的愿望都不再有了，也许是在追求自己愿望的道路上受到了一点挫折和打击，我们就不再相信这愿望是可以实现的，我们丢掉了最宝贵的希望。

不要因为一时的失意，就把自己长久地关在失意的笼子里，不要因为一时的挫折就给自己定下失败的未来。有多少成功的例子告诉我们，有希望才有未来。在四川汶川地震时，那些被掩埋在废墟里的同胞，他们是怎样的勇者，四周都是坍塌的钢筋水泥，黑暗笼罩着他们，可是他们内心充满了希望，对自己的生命没有放弃。这是我们民族的伤痛，我们不愿意再提及，可是走过伤痛，我们从中获得的感悟是什么呢？也许纪伯伦这句话可以说出我们的心声："有健康即有希望，有希望即有一切。"

听过这样一个故事，那是一位老奶奶，她一个人住在偏僻的小山村里。在她还很年轻的时候，她的丈夫外出做生意，但走后就再也没有回来。村里有人说他是死在了乱枪之下，有人说他病死在外，还有人说他在外面被人招做了养老女婿。但是真实的情况她不得而知，当时她唯一的儿子才刚刚学会走路。

几年以后，村里人都劝她改嫁。没有了男人，这寡妇守到什么时候是个头？但她始终没有走。她说，丈夫生死不明，也许在很远的地方做了大生意，没准哪一天发了大财就回来了。这个念头支撑着她，年复一年，老太太带着儿子坚强地生活着，她还把家里整理得更加井井有条。她想假如丈夫发了大财回来，不能让他觉得家里这么脏乱。

就这样，10年过去了，在她的儿子17岁那一年，一支部队从村里经过，她的儿子跟着部队走了。儿子说，他要到外面去寻找父亲。不料儿子走后又是音信全无。有人告诉她，她儿子在一次战役中战死了。她才不相信这样的话，一个大活人怎么能说死就死呢？她甚至想，儿子不仅没有死，还做了军官，等打完仗，天下太平了，就会衣锦还乡。她还想，也许儿子已经娶了媳妇，给她生了孙子，回来的时候是一家子人呢。

尽管儿子依然杳无音信，但这种幻想给她带来了无穷的希望。她是一个小脚女人，不能下田种地，她就做绣花线的小生意，整日奔走四乡，积累钱财。她想用挣来的这些钱把房子翻盖了，等丈夫和儿子回来的时候住。那年她得了大病，医生已经判了她"死刑"，但她最后竟然奇迹般地活了过来。她说，她不能死，她死了，儿子回来到哪里找母亲呢？这位老人一直在村里健康地活着，直到她年满百岁时，她还是做着她的绣花线生意，她天天算着，她的儿子生了孙子，她的孙子也该生孩子了……

这位老奶奶就这样执著地对未来充满希望，而这希望支撑着她健康地活下来。也许很多人会说，老奶奶这样有点自欺欺人的感觉了，可是这样的自欺欺人有什么不好呢？至少，老奶奶的一生都活在希望中，而不是怨恨中。

见一个你景仰已久的名人

　　小草向往大树的高大坚强，小溪崇拜大海的宽广无边，于是，小草在风雨中磨砺自己，小溪绕过千山不停跋涉，只为让自己离高大离宽广更近一点，更近一点，终于有一天，小草变成高树，小溪融入大海。

　　曾经有这样一个美国小女孩，她的名字叫葛丽丝。

　　那时，林肯刚刚当选总统。这个勇敢的小女孩便给他写了一封信，信里写着："……如果您留胡子，相信一定会变得很英俊。"意想不到的是，林肯给她回了信，他说："我刚当上总统，我怕我突然留了胡子，人民会不认识我。"于是她又写了一封信说："总统先生……一位没有胡子的总统，会让人感到害怕。"当林肯去华盛顿就职时，特别让火车在葛丽丝的村庄停下来。林肯站在火车的尾端，喊道："葛丽丝，你在吗？请站出来。"葛丽丝满脸通红地走了出来。"嗨！葛丽丝，"林肯弯下腰，握住女孩的小手，"你看，我特别为你留了胡子，是不是比较英俊呢？"

　　也许以后你会成为伟人，但是现在你还不是；也许你真的希望将来成为伟人，但是你不知道该怎么做；也许你正在从事一项伟大的事业，但是你自己根本没有发觉。

　　你越来越希望见见当代最伟大的人：想看看伟人有什么与众不同，也想听听伟人是怎么自我评价，你还想听听伟人的经历，再看看他会不会给你一些有用的人生建议。

　　"1886年7月1日，我第一次去见托尔斯泰，心里惶恐不安，觉得十分害怕。我想，他只要瞧我一眼，就会把我心灵深处的秘密看透。在他面前，人绝不可能把自己心底里的邪念藏起来瞒过他。他会像一个医生检查病人的伤口那样，知道哪些部位最敏感。如果他仁慈（他该是仁慈的），

101

便不去触摸这些部位，只用神情表示他什么都知道了；如果他无情呢，他就会用手指头从最痛楚的地方戳进去。总之不管哪种情况，我都觉得可怕——不过他没有这样做。"

"这位最会透视人生的作家跟人相处的时候，显得单纯、直率而诚恳，一点也没有那种我原先害怕的洞察一切的样子，无须提防伤人。因为他压根儿不伤人。很明显：他不是要把我当做'标本'来研究，而是只想跟我谈谈音乐。他对音乐极感兴趣。托尔斯泰坐在我旁边，听我弹奏我的第一部四重奏中的行板，我看见眼泪从他的面颊流下来。在我此生中，作为一个作曲家，我的奢望也许再也得不到比这更大的满足了。"

以上这是柴可夫斯基在第一次见到托尔斯泰后，激动地写下的文字。

于是我们明白了，如果我们想见心目中最伟大的人，就要用上全部的真诚、全部的智慧和全部的努力。而这个人如果真的这么伟大，就一定不会漠视我们的努力。

人的一生，必须至少有一位崇拜的人，这样，我们才会用上全部的真诚、全部的智慧和全部的努力，不停地努力，去拜见那个景仰的人，不管结局如何，这个过程，本身已够伟大。

第四章

亲情——最伟大的给予和热爱

记得父母的生日，并给他们惊喜

子曰："父母之年，不可不知也。一则以喜，一则以惧。"做子女的对父母的年龄不能不知道，铭记着父母的生日，这其中有两重含义：一是为父母的寿命又添了一岁而高兴；与此同时又为父母担心，父母年岁越高，距离人生的终点就越近，儿女与父母相处行孝的时间也就越短了。

父亲是一个性格粗犷的人，但在每年母亲过生日的前几天，都会记得给我和弟弟发短信，父亲说："再有三天你妈妈就要过生日了，不要忘了给她打个电话。"每次收到短信，我都会说："我记着呢，怎么会忘呢。"爸爸背着妈妈偷偷地给我们发短信，就是怕我们忘了母亲的生日，怕那天母亲接不到我们的电话而伤心。父亲一直是个不懂表达的人，可是，这样的细心还是让我们感动。

我甚至都忘了是什么时候才开始关注父母的生日的，在自己的印象中，父母都没有很正式地过过生日，自己也很少给父母买生日礼物，更没有给过父母惊喜。我们只是贪婪的孩子，只知道索取，而不知道回报。都说人生最不能等的事情就是孝顺，"子欲养而亲不待"的事情，是人生最大的悲剧和遗憾。我们都是羽翼丰满的鸟儿，迫不及待地离开父母，离开那个养育了我们的家，我们只顾着自己的前途，而把那年龄渐长、身体渐弱的父母抛在脑后，就连打个电话都嫌浪费时间，每年回家的时间也越来越少。

你年幼时，他们欢欢喜喜地为你办周岁宴；你童年时，他们费尽心思地为你准备生日礼物；你长大了，有了自己的朋友，他们为你和朋友们筹备了生日聚会，自己默默退出了房间；后来，你工作了，结婚了，你的生日他们再也参与不进来，只能在电话里说一声"孩子，生日快乐"……

　　在你理所应当享受这一切的时候，可曾想过为父母过一个像样的生日？现代的父母都很好"骗"，古人说"父母在，不远游"才算"孝"，而现代，儿女给父母的一句生日祝福、一件礼物、一个生日聚会，就会让父母感念一辈子。

　　现在就开始计划吧，在父母下个生日到来时，给他们一个惊喜。

　　也许父母并不需要我们的金钱或者礼物，他们很容易满足，也许就是接我们一个电话也会开心很久。不如就选择在父母过生日的时候，回一次家吧，悄悄地站在家门口，按响门铃，在父母开门的那瞬间，拥抱他们。这个惊喜也许会让父母好久都说不出话来，他们看着站在他们面前的孩子，羞涩得不知道说什么好。

　　母亲最爱的是什么？父亲最爱的是什么？在想这个问题的时候，我们的大脑甚至是一片空白，我们只关注自己喜欢的，很少在意父母喜欢的。我们说不出父母最爱吃的菜，记不得父亲最爱喝的酒，更不知道母亲穿几号的衣服。我们就这样忽略了父母的喜好，忘记了他们的需要。

　　父母口口声声说不爱过生日，而此时的儿女也特别听话，说什么就是什么。岂不知，少年的生日可以不过，老年的生日却一定要过。生日是一个人的生命痕迹，是人生的阶段性印记。老人的生日是生活的恋歌，犹如辉煌的落日，在炫目金色中浸润着淡泊的宁静和依依不舍的忧愁。老年人已进入人生的"丧失期"，因而为他们过生日就显得弥足珍贵。所以，我们更有理由记住父母的生日，因为这意味着记住了自己的责任、爱心和孝心，更记住了父母的恩情。

照一张全家福

　　每年春节，父亲都会张罗着拍一张全家福。因为只有到春节，家里的人才能团圆。父亲喜欢拍照，家里的影集有很多父亲年轻时的照片。那时的父亲年轻、帅气，他穿着当时很流行的衣服，站在草地上。但是父亲最爱的还是那张全家福。那时的我还是一个被大人抱着的婴儿，照片上有爷爷、奶奶，还有大伯。而如今，爷爷和大伯都不在了，只有照片还记录着那时的幸福。每年的全家福都会有变化，原来的婴儿已经成了现在的大姑娘，以前年轻的父母也成了现在的模样。家里的成员越来越多，姐姐结婚了，哥哥有了孩子，这些变化在全家福里被永久地记录下来。

　　儿时的全家福很小，是一张五寸的照片，背景是老家的院子。那还是爷爷带着爸爸亲手盖起的房子，蓝色的砖瓦，木制的窗户。爸爸说，那天是爷爷过生日，全家人都聚齐了，让照相馆的师傅到家来拍的照片。那时的我太小，根本不记得了，但是还会在脑海里想象那天的热闹情景。现在的全家福最小的也是七寸的了，背景是我家的新院子，两层的小洋房，奶奶在最中间，身边是她至亲的人，老人脸上是慈祥的微笑。

　　记得以前我很少翻看全家福，直到有一天，朋友翻看我们家的影集，面对一张张全家福，她欣羡得不得了。在她的记忆中，只有小时候跟父母一起照过一张全家福，自从她父亲去世后，全家人再也没有一起照过相，因为福已不全。那时，我才领悟到全家福的真正含义，才理解父亲的良苦用心。是啊，一家人健康即是福，亲情是世界上最温暖的阳光，无论我年龄多大，走得多远，能与父母、儿女一起照张全家福，就是幸福。

　　传统的全家福是颇有些讲究的，谁坐前排，谁站后排，有一种家庭秩序的美感和庄严，而且一定是在照相馆里面拍的，摄影师首先要了解大家庭的基本结构，也要懂得一些男左女右之类的规矩。

而早些年，中国人的家里少不了要挂一张这样的全家福：祖父母抱着小孙子在当中正襟危坐，儿子、儿媳、女儿、女婿一家一户分列两边或者层层叠叠。如今，当照相不再是一项奢侈的消费，全家福的号召力就开始降低了。忙碌的生活使家人难得聚在一起，即使聚齐了，大家也忙着吃饭、搓麻将，拍照？下次吧，拍照什么时候不可以呢？于是什么时候都可以做的事情，却什么时候都不做。

很多游子在想家的时候会感慨，连张全家福都没有；而父母念叨着要照张全家福的心愿，经常会成为他们一辈子的遗憾。

其实，照全家福是多么有意义的事啊，它把家庭一个时间的状态定格住了，它与族谱不同，全家福是生动的纪念品，彼时彼地，父母头上是青丝，自己身上是花袄，而此时此地，境况又是如此的不同！照一张全家福吧，全家福带着的永远都是淡淡的温暖，它能够让我们在翻看相册的时候，感受到家庭血脉与情感传递的生生不息。

无论你离家多远，无论你多么忙碌，请你找一个好日子，带着全家老少，到照相馆或公园里照一张全家福。把儿时的全家福和现在的全家福摆放在案头，时时提醒自己，不要因为自己的忙碌而让最爱你的人生活在期盼、等待之中。爱家人，是你能做到的最简单也最有意义的事情。

牵着母亲的手，陪她逛街

我从不肯妄弃了一张纸，
总是留着——留着，
叠成一只一只很小的 船儿，
从舟上抛下在海里。

有的被天风吹卷到舟中的 窗里，
有的被海浪打湿，沾在船头上。
我仍是不灰心地每天叠着，
总希望有一只能流到我要它到的地方去。

母亲，倘若你梦中看见一只很小的 白船儿，
不要惊讶它无端入梦。
这是你至爱的女儿含着泪叠的，
万水千山，求它载着她的爱和悲哀归去。

《纸船——寄母亲》——冰心

母爱总是这世界最值得歌颂的，母爱总是我们最温暖的怀抱，母亲牵着我们的小手，一路陪我们成长。我们拿什么来回报这浓浓的爱？她付出了所有美好，只为换我们健康成长。我们渐渐长大，不用再牵着她的手，独自去往未来的路，我们就这样把她孤零零地留在身后，我们都不愿回头看看她不再年轻的背影，是害怕看见她的眼泪，还怕自己不小心又扑进她怀里？

从小最爱与母亲一起逛街，到现在只要回家，就会和母亲一起上街，牵着母亲的手，就那样走在繁华的大街上，感受母亲手心传来的温暖和体贴。每次母亲添置衣服的时候，都会去那家店，渐渐地已经成了那家店的熟客，我和母亲一起去，看着母亲试穿一件件漂亮的衣服。母亲人到中年，可是在我眼里，母亲还是那样漂亮，店主经常说，你看看穿上这件衣服多好看，我明知，这只是商家促销的一种手段，可是，还是会觉得那件衣服很适合母亲，店家有时也会和我妈说，你女儿和你真的很像。

母亲眼光很好，我和弟弟从小的衣服都是母亲亲自买的，到现在，我和弟弟还是很依赖妈妈，买衣服还要母亲一起去。妈妈笑着说，试试这个、试试那个，我们在母亲眼里还是永远长不大的孩子。有人会嫌母亲的眼光不够新潮，不肯和母亲一起上街，甚至不肯穿母亲给自己买的衣服。当母亲为我们挑选那件衣服时，是怎样幸福的心情，她一遍一遍地幻想着我们穿上它漂亮的样子。

不要把时间都留给自己，忙着和男朋友约会、忙着和闺蜜去淘宝，就是抽不出时间来陪母亲逛一次街。能和母亲逛街是如此幸福的一件事，一路上说说最近工作上的新情况，说说有哪些事让自己烦心，听妈妈给我们的建议，周杰伦唱要听妈妈的话，母亲用自己的经验教会我们少走弯路，她用整个生命来爱我们。岁月无情地带走美好的年华，我踩着妈妈的脊梁骨长大，妈妈却说，我唤回了她曾经灿烂的五月天。

生命就是这样一个轮回，我们成长为大人模样，和年轻时的母亲那样相像。但是母亲的容颜渐老，就这样没有了年轻的光泽。牵起母亲的手，那曾经光滑，如今长满皱纹的双手。不要只顾着逛自己喜欢的个性小店，要陪母亲去她喜欢的店，要试穿母亲为我们挑的衣服，不要相信母亲说的这件衣服不适合她的话，因为她多半是因为价钱太高才这样说。买下母亲喜欢的那件价值不菲的衣服，告诉她那件衣服真的很适合她。

选一个风和日丽的星期天，和妈妈穿美美的衣服，梳漂亮的头发，带上快乐的心情，去最繁华的街市，吃路边摊儿的小美味，挑最好看的衣服，不到天黑不回家。

给父亲写上一封长长的信

　　有人说不知道怎样形容父爱，因为它总是那样深沉，不轻易表达。父爱其实很简单。它像白酒，辛辣而热烈，让人醉在其中；它像咖啡，苦涩而醇香，容易让人为之振奋；它像茶，平淡而亲切，让人自然清新；它像篝火，给人温暖却令人生畏，容易让人激奋自己。

　　忘不了第一次读到朱自清写的《背影》时的情景，我时常感叹，他怎么能把父爱刻画得如此淋漓尽致。我总是不知道该怎样描写我的父亲，他眉清目秀，长得很是标致，他写得一手好字，总是让我羡慕不已。年轻时候的父亲爱喝酒，到现在他还是保持着每天喝一点儿的习惯，父亲很宠爱我和弟弟，父亲很照顾妈妈，他在家里是我们的大厨，父亲永远反对我减肥。好像父亲的优点永远也说不完，可是我从来没有亲口对他说过一句。我们总是理所应当地享受父亲的爱，我们总是吝啬自己的夸奖，我们从来没有想过给父亲写一封信，把这些心里话写在纸上，告诉父亲，您是我的天。

　　有人这样形容父爱，它是无言的、是严肃的，在当时往往无法细诉，然而，它让你在过后的日子里越体会越有味道，一生一世忘不了。

　　用钢笔认真地写下"父亲"两个字，内容可以是日常的琐事，也可以是表达自己对父亲的爱，一笔一画地写下自己对父亲的思念，不要羞于表达，不要以为父亲不需要这些温暖的话，不要以为他永远是那么严肃和坚强。想象一下他收到这封信时的表情，他会像个孩子一样，满脸喜悦。

　　诗人说，父亲的爱，藏在粗糙的双手中，因为那双手，不辞辛劳地撑起了我们的家；诗人说，父亲的爱，藏在严厉的目光背后，因为那严厉的目光，督促我们成才；诗人还说，父爱是一缕阳光，让你的心灵即使在寒冷的冬天也能温暖如春；父爱是一泓清泉，让你的情感即使蒙上岁月的风尘依然纯洁明净。

其实，父爱同母爱一样的无私，他不求回报；父爱是一种默默无闻，寓于无形之中的一种感情，只有用心的人才能体会。

记得一个朋友经常和我说，他从来不觉得父亲是爱他的，因为他父亲总是不怎么和他说话，从小到大，都不会接送他上学，我说："那只是不爱表达罢了，我知道叔叔在别人面前说起你时那骄傲的表情。"天越来越冷了，朋友告诉我他要给他父亲买件羽绒服，我突然很开心地笑了。所有的孩子都会知道父亲有多么爱自己，只是，他们宁愿把那些话藏在心里。

前几日，父亲给我打电话，他问我，家里的电脑屏幕怎么不亮了？我想了想，问爸爸是不是屏幕的电源关了，爸爸试着开了电源，电脑果然恢复了正常，爸爸竟然说了一句"谢谢"。他像一个孩子一样请教我问题，然后对我说"谢谢"，我应该在他身旁，就像小时候他永远在我身旁一样。老人和小孩有共同的特点，他们需要照顾、内心脆弱，请不要嘲笑他们不会用电脑，因为我们小时候甚至不会自己吃饭。

也许你好久都不曾用钢笔写字了，也许你已经不知道邮局在什么地方了，甚至你不能准确地说出自己家乡的邮编了，这些都不是借口。用一张干净的信纸，写下对父亲最深的热爱，署上名字，那应该是爱您的女儿/儿子。

常回家看看父母

找点空闲，找点时间
领着孩子，常回家看看
带上笑容，带上祝愿
陪同爱人，常回家看看
妈妈准备了一些唠叨
爸爸张罗了一桌好饭
生活的烦恼跟妈妈说说
工作的事情向爸爸谈谈
常回家看看，回家看看
哪怕帮妈妈刷刷筷子洗洗碗
老人不图儿女为家作多大贡献
一辈子不容易就图个团团圆圆
常回家看看，回家看看
哪怕给爸爸捶捶后背揉揉肩
老人不图儿女为家作多大贡献
一辈子总操心就奔个平平安安

——陈红

这首歌当年红遍大江南北，不单单因为它旋律动听，更多的是因为它的歌词唱出了人们的心声。有多少常年漂泊在外的游子，在听这首歌的时候流下了眼泪，有多少独自在家的老人听到这首歌，整夜难眠。

"工作越来越忙，没有时间回家"，这句话是现在很多人回不了家的借口。交通日益发达，可是回家的路却越来越远。"春运人这么多，不要去凑这个热闹了，等什么时候人不多了，再回去吧。""国庆只有这几天假，回家不够用的，还是和朋友去旅游吧。"这就是我们不回家的理由，冠冕堂皇。而家里的父母又是怎样寂寞地过了一个春节、一个国庆。试想一下这样的画面吧，两个身体已经弯曲的老人，守着一个电视，电视里是一家团圆的故事，而他们的家还是那样冷清。

人们总是在失去时才懂得珍惜，这样的悲剧在我们身边一次次上演，为什么不在父母健在的时候，多抽出些时间回家陪陪他们呢？

大学毕业，他被分配到离家乡100公里以外的城市。父亲早逝，身为长子，每个月他都雷打不动地回老家看望母亲。

返乡的车票是用质地较厚的彩色胶纸印刷的，每次母亲都对他说："孩子，你的车票挺好看的，送给我吧！"他笑一笑，就把车票送给母亲。晚上他就睡在母亲的土炕上。后来，母亲就开始随便地翻他的衣袋，只留下那张车票。

后来，他恋爱、结婚、生子，开始每两个月回一次家。

再后来，他担任单位领导，更忙了，有时甚至半年才回一次家。尤其是他有了专车，没必要再坐长途汽车，他开始适应不了长途车的颠簸。母亲慢慢地也就不再向他索要车票了。

10年过去了，他已是市里的一位市长。有一天晚上家里电话响了，老家的弟弟来了长途，说母亲突患脑溢血，生命垂危。

100公里对他来说是短途，一个多小时以后，他便见到了母亲。这时，他突然发现母亲已是白发苍颜、衰老憔悴。见了一面，天亮时母亲就去世了。

他带领兄弟姐妹们，披麻戴孝，安葬了母亲。

整顿母亲的遗物时，他从那只相传的樟木箱子里翻出了一本中学课本，那是昔日母亲用来塞鞋样的。他翻开来，啊，书内竟整齐地夹着一沓车票——他当年每次返乡看望母亲时留下的车票。

他的泪水又一次地涌了出来，他后悔，为什么母亲健在的时候不多回几次家。他还突然想起，这么多年来，母亲还从未到他的四室二厅里住过一夜。

回城市时，他只携了那一沓花花绿绿的车票。

他常常把车票的故事讲给父母尚在的朋友们，极力使他们意识到父母对子女有一种深深的牵挂。他说，多回家看望几次老人吧，哪怕只停留片刻，否则，也许你也会有深深懊悔的那一刻。

不要因为害怕拥挤的车站就放弃回家，不要因为时间紧凑就放弃回家，旅途的劳顿和回家的幸福相比，真是无比渺小。回家吧，听听妈妈的唠叨，那一字一句都是爱和关心；回家吧，尝尝爸爸做的饭菜，那一盘一碗都是暖暖的思念。

给将来的孩子写一封信

人的一生都是一个过程，我们将在合适的时间做合适的事情。我们会遇见对的人，在对的时间走进婚姻和家庭。当然我们也会在对的时间拥有自己的孩子。为人父母是必不可少的生命历程。也许现在的我们还只是一个孩子，根本没有想过哪一天自己成为一个孩子的母亲、父亲。从孕育到分娩这十个月，我们要经历的是前所未有的挑战。

没有经验、惶恐不安，甚至经常生气，这些都是孕妇们经常会有的情绪。姐姐的预产期马上就要到了，她每日都在微博上更新心情，数着日子。她说："我感觉宝贝在里面过得很安稳，丝毫没有要出来的意思。"想到以后要面对一个小婴儿，她有些不知所措。

不如把自己的不安写给宝贝吧。

你可以随意地称呼他／她，你会觉得各种昵称用在他／她身上都不为过。当然如果你已经为他起好了名字，称呼他的名字也是不错的选择。你会发现，你有很多话要对他说，说说你现在的心情，说说你面对即将要出生的他是怎么样的态度。当然你那些没处可说的委屈也可以告诉他，权当他是你的兄弟，或者闺蜜吧。

老妈现在完全不知道你在哪里，什么时候会出现，但是根据我现在的痛苦和欢乐，我想先告诉你我以后要怎样教育你，希望你知道什么样的道理。最主要的是我想记录下来我现在的想法，因为我想我妈以前受压迫、不自由，或者因为被爱被呵护而放弃自我这种情况也是有的，当时她一定也想过，以后绝对不能让自己的孩子也走这样的路，不希望自己的孩子因为自己自私的爱和错误的教育而失去本来与众不同、夺目的幸福。以后我要是没有这么做，没有本着开放的心只看着你作决定、建议你作决定，而不是逼迫你作决定，如果我这样相反地做了，那你就拿着这篇帖子来找我，那时可能法律也更健全了，我的成文的思想，也可以作为一种承诺，帮你达到你的公正。

这是一个单身女孩儿写给她未来孩子的一段话。正如她说的，也许在孩子出生之前，我们都说过这样的话，我绝对不会像我妈教育我那样，教育我的孩子的。可是随着孩子的出生、成才，我们都忘了当初的承诺。我们陷入了为人父母的怪圈。把自己没有完成的梦想强加在孩子身上，从不考虑孩子的需求，只是一味地自以为是。如果我们能写下来，在以后不时地看看这封信，也许对我们教育孩子会有很大的帮助。

心理学家证实，在不和睦家庭成长起来的孩子，比较孤僻、自卑、敏感，不善于交流，对别人缺乏信任，难以形成亲密关系，而且很多缺点在婚姻里是会成倍地放大的。

所以，家庭背景和家庭成员之间的关系不可忽略。一个男孩子不可能从他独断专行、脾气暴躁的父亲那里学会温柔对待女人，疼惜、呵护、宽容、尊重女人。

给妈妈一个吻

"女人固然是脆弱的，母亲却是坚强的。"这句话看似矛盾，母亲也是女人，为什么就会变得坚强呢？在一个女人成为母亲之前，她脆弱得经不起风浪，她会在伤心的时候，躲在爱人的怀里哭泣，她不用为谁撑起一片天。可是，母爱是壮烈的，为了孕育出一个小生命，要历经十月怀胎的艰辛和分娩阵痛的苦楚。而为了孩子，哪怕付出一生的心血也毫无怨言。

母亲用自己的青春孕育了孩子，用年轻的身体为我们创建了一个温暖的家，孩子越来越大，女儿有母亲年轻时的样子，而母亲却已是满头白发。但是，母亲的爱不会因为时间的流逝而减少，相反它会与日俱增，她会爱你所爱的一切，她会像爱自己的儿子一样爱你的丈夫。她也会深爱你的孩子，就像当初对你一样，无私地养育着你的孩子。而且一遍遍地说，这个孩子好像小时候的你。

当安娜苏已经是两个孩子的母亲的时候，她才深刻体会到母爱的温柔宽容，在她的心中，一直隐藏着一件事。

每天晚上，母亲都会来为我铺床，即使我已不再是小孩了。接下来是她永恒不变的习惯：她会弯下身将我的头发拨开，然后亲吻我的额头。

我不记得从何时开始感到厌恶。她拨开我头发的方式。她那双因工作而磨损变粗的手碰触我皮肤的感觉真的令我感到厌恶。最后，有一天晚上，我对她大叫："别再碰我，你的手好粗！"她没说任何话。但从此以后，我母亲再也没有用我熟悉的那种方式结束我的一天。此后，我躺在床上久久不能入睡，那些话萦绕着我。但骄傲取代了我的良心，我从没有向她道歉。

随着光阴逝去，我的思绪一次又一次回到那个晚上。那时我想念母亲的手，想念她在我额头上留下的晚安吻。有时候这件事像是刚发生过，有时却又像是很久以前的事了。但它总是在那儿，萦绕着我的心。

很多年过去了，我再也不是个小女孩了。妈妈现在已经七十多岁，她仍然在用那双我曾觉得很粗糙的手为我和我的家人做事。她是我们的医生，她会在药盒里找药为小女孩治疗胃痛，或为小男孩跌伤的膝盖敷药。她会做世界上最好吃的炸鸡，洗掉牛仔裤上的污渍，不论白天还是晚上总要坚持亲自给我们分配冰淇淋。

多年以来，我母亲的手完成了无数小时的劳苦工作。

现在我的孩子都长大了，也离开家了。妈妈失去了爸爸，在特别的节日，我会跟她共度一个晚上。那是感恩节前一天的晚上很晚的时候，我在小时候住的房间里睡着了，一双熟悉的手拂过我的脸，拨开我额头上的头发，然后一个非常轻柔的吻触到我的眉梢。

我回想那个晚上的抱怨已经几千几万次了。我握着母亲的双手，轻轻地在她额头上吻了一下，并为那晚的行为向她道歉。我以为她会记得，就像我一样，但是妈妈不知道我在说什么，很久以前她就已经忘记了，而且原谅了。

为自己拥有伟大的母爱而感恩吧，无论你走多远，无论你经受了多大的痛苦与无助，母亲永远是你避风的港湾，她能给你永远的坚强与自信。

很小的时候，我们就会唱那首《妈妈的吻》，母爱对我们的影响贯穿着我们生命的整个过程，母爱是人世间最温暖最无私也最持久的爱。

或许你从未亲吻过你的母亲，可我想告诉你，请不要拒绝对你的母亲采取这种赤裸裸的爱的表达，在你的母亲面前，你不需要隐藏任何东西，你可以展现一个最真实的自己，给母亲一个深切的吻，让她知道在你的心中她是你永远最爱与牵挂的人。

拥抱父亲，感受他依然坚实的臂膀

雾渐渐散了人渐渐稀少

想要说的话却依然找不到

手中的行李满怀的回忆

仿佛听见你熟悉的叮咛

永远我都会记得

在我肩上的双手

风起的时候有多么温热

永远我都会记得伴我成长的背影

用你的岁月换成我无忧的快乐

年少的青春未完的旅程

是你带着我勇敢地看人生

无悔的关怀无怨的真爱

而我又能还给你几分

　　小时候，最喜欢装睡，在父亲开门的时候，闭上眼晴，父亲走到我身边，我忍住不笑，父亲就会轻轻地抱起我，把我放在我的小床上。儿时的自己总是喜欢赖在父亲身边，他轻轻地就能把我抱起来，还会背着我去我想去的任何地方，那时候父亲在我心中，是无人能比的超人。

　　回想一下，这是多少年前的事情了，我们有多少年没有拥抱父亲了，他再不能轻轻地举起我们，他不再是那个年轻的超人，而我们也长大了。我们不会再装睡，因为父亲的拥抱是什么味道，都已忘了。父亲的背渐渐不再挺拔，头发需要靠理发店的染发剂才能保持乌黑。我们自顾自地长大了，有了爱人的怀抱可以依靠，我们羞于和父亲接近，更不会主动拥抱他了。

那是一个发生在一艘横渡大西洋的船上的故事，有一位父亲带着他的小女儿，去和在美国的妻子会合。海上风平浪静，晨昏瑰丽的云霓交替出现。一天早上，父亲正在船舱里削苹果，船却突然剧烈地摇晃。父亲摔倒时，刀子插在他胸口。他全身都在颤抖，嘴唇瞬间发青。

6岁的女儿被父亲瞬间的变化吓坏了，尖叫着扑过来想要扶他。他却微笑着推开女儿的手："没事儿，只是摔了一跤。"然后轻轻地拾起刀子，很慢很慢地爬起来，不引他人注意地用大拇指揩去了刀锋上的血迹。

以后三天，父亲照常每天为女儿唱摇篮曲，清晨替她系好美丽的蝴蝶结，带她去看蔚蓝的大海，仿佛一切如常，而小女儿却没有注意到父亲每一分钟都比上一分钟更衰弱、苍白，他看向海平线的眼光是那样忧伤。

抵达的前夜，父亲来到女儿身边，对女儿说："明天见到妈妈的时候，请告诉妈妈，我爱她。"女儿不解地问："可是你明天就要见到她了，你为什么不自己告诉她呢？"他笑了，俯身在女儿额上深深刻下一个吻。

船到纽约港了，女儿一眼便在熙熙攘攘的人群中认出母亲，她大喊着："妈妈！妈妈！"就在此时，周围忽然一片惊呼，女儿一回头，看见父亲已经仰面倒下，胸口血如井喷，刹那间染红了整片天空。

尸体解剖的结果让所有人都惊呆了：那把刀无比精确地洞穿了他的心脏。他却多活了三天，而且不被任何人察觉。唯一能解释的是因为创口太小，使得被切断的心肌依原样贴在一起，维持了三天的供血。

这是医学史上罕见的奇迹。医学会议上，有人说要称它为大西洋奇迹，有人建议以死者的名字命名，还有人说要叫它神迹。"够了！"那是一位坐在首席的老医生，须发皆白，皱纹里满是人生的智慧，此刻一声大喝，然后一字一顿地说："这个奇迹的名字，叫父亲。"

我们常常因为父亲的沉默而忽略了他的付出，我们常常把父亲的严厉当做不爱我们的证据。我们固执地以为父亲根本不需要我们的拥抱或撒娇，其实，我们都是自私地片面地理解父亲。给父亲一个拥抱，感受他坚实的臂膀，那胸膛还和我们年幼时的一样宽大，他们的爱，也一成不变，甚至越来越浓。

在自己生日的时候打电话给母亲

郑渊洁曾说："每个孩子的生日都是母难日。"母亲是承受着怎样的疼痛才把孩子带到这人间的，而当听到孩子的哭声时，母亲才会露出幸福的笑脸。

听朋友讲过关于她出生时的故事，她说她的个头大，先一天晚上羊水就破了，可她迟迟躲在她母亲的肚子里不见动静。那个时候不像现在，剖腹产还没有那么普及。她母亲早早上了产床，等着她的到来。

此时正值隆冬，窗外飘起大片大片的雪花。她母亲一个人在没有暖气的预产室里冻得瑟瑟发抖，好心的助产士拿来条毯子盖在母亲裸露的双腿上，母亲耐心地抚摸着肚子和她说话，她却热衷于藏猫猫的把戏，任她母亲千呼万唤，不出来就是不出来。母亲想睡又不敢睡，就这样眯一会儿，和她说会儿悄悄话，再打个盹儿，不知不觉天色见亮了。

她说她可能是听见了母亲和她说话的声音，六点多的时候她母亲的肚子猛然开始发硬，一阵又一阵的疼痛像大海的波涛汹涌而至，母亲疼得连叫喊的力气都没有，只是用手紧紧地抓住床沿，心中默默地数着：一、二、三，用力，再用力！

她母亲说感觉到她坠地时已经处于筋疲力尽的地步，是她"呱呱呱"的哭叫声惊动了护理人员，母亲模模糊糊地听到周围的护士说："是个女儿"，就昏了过去。

不为人母不知道做母亲的责任，当她也成为孩子的母亲的时候，她才体会到母亲的疼痛和坚强。当她躺在产床上的时候，她理解了母亲说的精疲力竭是什么滋味。

那天是孩子的生日，也是母亲一生最痛苦的一天。我们见过很多在产房里为了保住孩子而牺牲自己的母亲，那是需要怎么样的勇气才能作出那样的决定，可是没有一个母亲会迟疑。年幼的时候，把过生日看做是能吃蛋糕，吃好东西的一天；再长大点，把生日当做能和好朋友一起疯玩，而不受到责骂的一天；我们从来没有想到过这天和母亲有什么关系。求学在外，每年的生日都是母亲打电话给我们，祝我们生日快乐，叮嘱我们吃点好的。而我们就这样享受着母亲的关爱，我们不思考是谁在几十年前的今天承受着疼痛把我们带到人间。

请不要羞于和母亲说谢谢，她是这天下最值得感谢的人。在生日那天打电话给母亲说谢谢，谢谢她的坚强，谢谢她给予的生命。

母亲节，送上一束温暖的康乃馨

流芳的岁月

伴着暖暖的阳光

康乃馨就这样静静地绽放

空气中弥漫着淡淡的香

牵着母亲的手

平静快乐地伫立

悄然用余光扫视她的脸

沧桑已赫然镌刻在她的眉宇间

心瞬间被一种很柔软的东西占据

人世间就是有这样一种爱

不曾说出口

然而它却肆意地倾泻不求索取

紧紧地握住了母亲的手

那种不够灵动的温暖

就这样无声地润湿了双眼

她那渐白的双鬓弥漫出康乃馨的芬芳

回眸的瞬间

我分明看到了岁月无法磨蚀的晶莹

我知道她心中还有思念

夕阳西下的时候

我的琴弦拨动了她如水的心

那些美丽的音符和着花的香

柔柔地滴落在她的心头

她笑了伴着清澈的泪光

我猜想

泪光中一定有来自天堂的爱

望着她那印满风尘的面容，

舞动琴弦的手指刹那凝固

颤动的和弦

似情海狂澜

却无力表达那些无悔的坚持

夜色洒满大地的时候

母亲的身影被月光雕刻

将蕾丝包裹的康乃馨放在窗前的那刻

她凝望的目光里充满了无限的深情

我知道

那淡雅的芬芳已经遍布母亲的心房

真爱无言

正在伴着十月和煦的风

轻轻摇曳……

  母亲节是五月的第二个星期日，在这天，很多人会给母亲买礼物，表达自己对母亲的爱和感激。当然最多的人还是会送给母亲一束康乃馨。康乃馨的英文名字是香石竹，1934年5月美国首次发行母亲节邮票使香石竹更加出名。邮票图案是一幅世界名画，画面上一位母亲凝视着花瓶中插的康乃馨。邮票的传播把康乃馨与母亲节联系起来，于是西方人也就约定俗成地把康乃馨定为母亲节的节花。每当母亲节这一天，母亲健在的人佩戴红色康乃馨，并制成花束送给母亲。而已丧母的人，则佩戴白色康乃馨，以示哀思。世上没有无母之人，康乃馨也就成了无人不爱之花。康乃馨因母亲节而蒙上一层慈母之爱的色彩，成为献给母亲不可缺少的礼物。

母亲节在国外已经有百余年的历史了，母亲节起源于美国，这个节日的发起人是费城人安娜·贾维斯，这个女子终生未嫁，膝下无儿无女。1906年5月9日，安娜·贾维斯的母亲不幸去世，她悲痛万分。在次年母亲逝世的周年忌日，贾维斯组织了追思母亲的活动，并鼓励他人也以类似方式来表达对各自慈母的感激之情。

贾维斯写信给西弗吉尼亚州格拉夫顿的安德鲁斯循道圣公会教堂，请求为她的母亲做特别追思礼拜。她母亲生前为这一教堂的星期日学校服务了20多年。1908年，教堂宣布贾维斯母亲忌日——5月的第二个星期日为母亲节。贾维斯还组织了一个母亲节委员会，开始大规模宣传、呼吁将母亲节定为法定节日。

她的呼吁获得热烈响应。1913年5月10日，美国参众两院通过决议案，由威尔逊总统签署公告，决定每年5月的第二个星期日为母亲节。而我们中国也是在近几年才流行过母亲节。

有一个调查表明，女人在收到鲜花时的幸福感比收到其他礼物的幸福感要强25%。所以在母亲节精心挑选一束漂亮的康乃馨，亲手送给母亲，我们会发现，母亲的脸上绽放的笑容和康乃馨一样美丽。康乃馨是母亲之花，是孩子和母亲心心相连的象征。任何语言在母爱面前都显得平淡无奇，任何金银财宝在母爱面前都显得毫无价值。母爱就是这样的沉重和高贵，在日复一日的生活中，累积如山。我们拿什么来报答这纯洁高贵的母爱，我们显得渺小且无礼。也许母亲在付出的时候从来没有想过回报，也许她只是想看着我们长大。一束康乃馨的重量和母爱根本无法相提并论，可在母亲心里，这一束康乃馨也是最大的幸福。

父亲节送他一束向日葵

关于父亲节的由来，有这样一个故事。杜德夫人和她的5个弟弟早年丧母，他们由慈爱的父亲一手抚养长大。许多年过去了，姐弟6人每逢父亲的生辰忌日，总会回想起父亲含辛茹苦养家的情景。在瑞马士牧师的支持下，她提笔给州政府写了一封言辞恳切的信，呼吁建立父亲节，并建议将节日定在6月5日她父亲生日这天。州政府采纳了她的建议，仓促间将父亲节定为19日，即1909年6月第3个星期日。

翌年，杜德夫人所在的斯坡堪市正式庆祝这一节日，市长宣布了父亲节的文告，定这天为全州纪念日。以后，其他州也庆贺父亲节。在父亲节这天，人们选择特定的鲜花来表示对父亲的敬意。人们采纳了杜德夫人的建议，佩戴红玫瑰向健在的父亲们表示爱戴，佩戴白玫瑰对故去的父亲表示悼念。后来在温哥华，人们选择了佩戴白丁香，宾夕法尼亚人用蒲公英向父亲表示致意。 为了使父亲节规范化，各方面强烈呼吁议会承认这个节日。1972年，尼克松总统正式签署了建立父亲节的议会决议。这个节日终于以法律的形式确定了下来，并一直沿用至今。

父亲节是一年中特别感谢父亲的节日，每个国家的父亲节日期都不尽相同，也有各种的庆祝方式，大部分都与赠送礼物、家族聚餐或活动有关。有的国家父亲节流行送太阳花，寓意父亲像伟大的太阳。万物生长靠太阳，寓意在父亲的关爱下，子女才得以茁壮成长。

记得冰心说过这样一句话："父爱是沉默的，如果你感觉到了那就不是父爱了。"向日葵的花语是沉默的爱，竟和父亲的爱如此类似。我们享受父爱的无私和伟大，我们在沉默的父爱中一天天长大，习惯了父亲高大的肩膀，习惯了父亲宽大的胸膛。父亲从不会主动索取什么，他只是尽他所能地付出着。黑发熬成白发，双手布满老茧。他们甚至从来没有收到过一束花，因为我们一直以为，花儿和父亲是不搭配的。但是，父亲也是有着细腻心思的，家里的盆栽都是父亲整理的，每天浇水、松土，花园里的花儿也是父亲种下的，他认真地打理那些脆弱的小生命，就像对待年幼时的我们。

习惯了送父亲领带、剃须刀，这些带有明显男人气质的东西。当然父亲在收到这些东西的时候也是非常高兴的，毕竟这也是来自孩子的祝福和感谢。就在今年的父亲节，换个思路吧。去花店买一束热烈的向日葵，黄色的花瓣，给人温暖又热烈的感觉。向日葵永远都那么执著，甚至有些倔犟。六月正是向日葵开放的季节，带上向日葵回家，告诉父亲，他的爱如同向日葵花朵一般的温暖。正是这温暖的爱，照亮了我们成长的路。我还是无法想象父亲的脸上会有怎样的表情，毕竟这是父亲收到的最特殊的礼物。

如果父亲节不能陪在父亲身边，千万不要忘记打个电话，父亲也许早早地就在等这个电话了。在和父亲面对面的时候，或许我们很难说出口的话，在电话里就可以大胆地说出来。对父亲说一句我爱你，说一句感谢吧。

经常给父母打电话

比尔·盖茨在飞机上接受意大利《机会》杂志记者采访时，记者问他："最不能等待的事情是什么？"比尔·盖茨没有回答记者期望中的"商机"二字，他说："天下最不能等待的事情莫过于孝敬父母。"从比尔·盖茨的回答中，我们是不是更能体会到及时孝敬父母的重要性呢？

在外地上大学的她，是个粗心的女孩。她经常忙于各种事情，每到周末，就和男朋友一起逛街游玩，更是想不起来给父母打个电话。有时候正在逛街的她接到父亲打来的电话，还会很不耐烦。

父母在每个月初都会给她600元的生活费，也只有在这个时候她才能想起给家里打个电话。有一次，父亲打来电话说："如果我不先给你打电话的话，你还会想起我和你妈吗？"她觉得父亲这话很无理取闹，她觉得她有自己的生活，想家的时候自然就会打电话了。她从小脾气倔犟，甚至和父亲吵了起来，她觉得委屈，还掉下了眼泪。

从那时候起，她记住了每个周末给家里打个电话，但也只是短短的几句话，就挂断了。转眼就要毕业了，男朋友也有了新欢，身边的人都散了，她也该回家了。满脸疲惫地回到家，父母还是一如既往地爱她。工作没有着落的时候，她母亲说："没事，别慌着找工作，在家爸妈也能养得起你。"她不知道该说什么，只是心里酸得难受。

她还是去了北京，找到一份还算不错的工作。父母还是每周都打来电话，嘘寒问暖，叮嘱她要努力工作，要好好地和同事相处。不同的是，她会在下班的路上给父母打电话了，她和父亲说工作，和母亲说家常。北京的冬天异常寒冷，可她觉得拿电话的手是最温暖的。因为那里最接近父母的声音，那里有最温暖的依靠。

也许这个故事在很多人身上发生着，很多在外地上学、工作的人都有过这样的经历。我们可以和自己的男（女）朋友煲电话粥，打电话打到停机；可以和不认识的网友聊天聊一个通宵，就是不能抽出时间和自己的父母打个电话。也许不为人父母的人，永远都不能理解做父母的感受。我们不能理解他们思念自己远在千里之外的孩子的心情。我们体会不到他们听到自己孩子的关心的时候内心的感动。不要等着父母给自己打电话了，下班之后主动给父母打个电话吧，说说最近的变化，享受一下来自父母的无微不至的爱和关心。

曾经看过一个明星主持的公益活动，他走上街头，随机采访经过的路人。他采访的问题就是，"你有多长时间没有给父母打电话了"。被采访者可以在现场和家人通电话，很多被采访者都在打电话的时候流下了眼泪。有的人已经几个月没有给家人打电话了，有的甚至半年都没有给家里打过一次电话。这次公益活动也是呼吁人们要经常给父母打电话，不要忽略亲情的培养和延续。

经常给父母打个电话吧，暖暖的亲情会让我们的心情豁然开朗起来，就算工作上遇到不开心的事情，也会伴随着父母的理解和安慰而烟消云散。不要只是低头忙着赶路，还要回头看看远方的父母。

像孩子一样和父母撒娇

小时候，我们都是爱撒娇的孩子。总是在得不到糖果的时候，在父母的面前哭闹，这样就能得到我们爱吃的糖果。在想看动画片的时候，和母亲撒娇，在她怀来蹭来蹭去，这样我们就能看上一会儿动画片。儿时的我们深深懂得撒娇的好处，只是，已经成年的我们早已忘了撒娇是什么味道了。

那段岁月有一个好听的名字，它叫青春期，我们以听父母的话为耻辱，我们疯狂叛逆着。我们以为只有这样才是自由的，才是完全的青春。我们不和父母交流，我们每天和他们冷战，美其名曰捍卫自己的尊严。我们已经全然忘了自己还是一个孩子，还是在父母的羽翼下成长的孩子，而撒娇在这个时候更是不可能的事情了。

春秋时期，楚国有一个隐士叫老莱子，他为了躲避战乱，隐居在蒙山南麓，自己耕种谋生。老莱子是个极其孝顺父母的人，他无微不至地照顾双亲，想尽一切办法做好吃的饭菜给父母吃，所以父母虽然已经八九十岁了，仍是红光满面、身体健康。老莱子70多岁的时候，还常常穿上五彩的花衣，手里拿着拨浪鼓像小孩一样戏耍，以博取父母的开怀大笑。

有一次，老莱子给父母送水的时候，刚一进门就跌倒在地上，他怕父母知道他摔了跤担心，索性伏在地上学小孩的样子大哭起来。二老见状，哈哈大笑。

老莱子躬耕为生，自然不可能让父母过上锦衣玉食、富庶奢华的生活，但他的孝心却深深打动了世人，流传至今。

可能很多人会说，我也是很孝敬父母的，只不过现在我还没条件；只不过现在我还没那个能力；只不过现在我很忙，抽不出时间……还有人常常允诺：等我条件好了，一定要让父母过上最好的生活，给他们买最好的房子，带他们出国去旅游……可是你想过吗，你什么时候会有条件？什么时候具备能力？什么时候才能抽得出时间？是3年还是5年？你等得起，你的父母等得起吗？岁月无情催人老，父母曾经光洁的额头，不经意间已经爬满了皱纹；曾经的黑发不知何时已变花白；在我们眼里曾经挺拔健硕的身影，突然间变得佝偻、弯曲了；还有曾经矫健的步伐，如今也变得蹒跚了；甚至曾经智慧闪亮的眼睛，也没有了往日的光彩，日渐混浊起来。

孝顺说来其实很简单，它并不需要具备这样那样的附加条件，也不需要摆开什么架势，更不需要等待时机，只要我们有一颗真正爱父母的心就足够了！孝顺的内涵其实并非只有物质和金钱，精神上的孝顺也许更胜过物质千万倍。在父母心中"孝的天平"上，你口中一句贴心的话语和送他们一幢豪华别墅其实没什么两样。

不要因为自己长大了，就不再和父母亲近了。其实父母还是需要我们像小时候的样子，依赖他们。因为在父母眼里，我们永远都是孩子。

正如比尔·盖茨说的一样，尽孝是世间最不能等待的事情，请一定要记住，在孝心的天平上，没有轻重贵贱，任何形式的付出都是等值的！趁着父母健在，珍惜每一天和父母相聚的时光，让父母尽享天伦之乐，让为了我们辛苦一生的父母度过一个幸福的晚年！

参加一次葬礼，体味生命的可贵

一切都是从推开生命之门的那一刻开始的，你像一个好奇的旅客一样走进生命的殿堂，你对每一件新鲜事物都充满好奇。殿堂太大了，而旅程始终是有时间限定的，不管你有多么舍不得，你还得磕磕碰碰地向前，你会感觉到自己每走过殿堂的一扇门，那扇门就在你的背后砰的一声关上，永远不再打开。

而这每一扇门都代表着你所做过的、你所能做的、你所享受过的每一件美好的事情。你走过它，它就对你关上，一件一件的事情在你的背后结束，你就像古代的那个智者，听到自己背后水缸破碎的声音，没有回头，你知道，回头也没有用，回头看到的也只是残骸和废墟。

生命就是如此，不管风雨多大，在时光的车轮中滚滚向前，没有后悔与回头的机会。而我们每个人所能做的，就是坚持循着自己的梦想，无怨无悔地走过。

人类生生不息，社会千变万化。生产和消费依然是人类生活的主要内容。人们每天都在消耗生命，以换取维持生命的条件，看似一组矛盾，却又相互依存。到最后，幸福的人带着无限眷恋，苦恼的人带着不尽遗憾，也都免不了离开人间。

当我们回想自己的童年，会悲哀地发现，竟然不知自己何时有了思想，何时有了记忆，何时学会说话，何时开始走路。因此，我们更不记得刚出娘胎时是悲还是喜，或者是别的什么感觉。于是有人说，"人一生下来的第一声啼哭，正是对痛苦一生的哀鸣"。至于真相是不是如此，还是那句话，"天知道"。

当一个老人离开了人间，有人说他上了天堂，有人说他下了地狱，还有的说他永垂不朽，成了神。但无论如何，他从此没了音讯。我们还是无法证实他是变成了灵魂，还是只剩下那把骨灰。

既然看不到过去，也看不见未来，于是人们更加珍惜现在。这就是为什么生命如此可贵。于是，剥夺别人的生命是最大的罪恶，而主动献出自己的生命则是最大的无私。再引申下去，时间成了最宝贵的财富，效率则是延长生命的技能。

年轻人往往感觉不到生命的可贵，因为他们的生命还很漫长。他们的生活太精彩了，以至没有时间认真地考虑生与死的问题。于是，他们也不知道浪费时间就是浪费生命，更不知道效率不只是可以多给老板挣钱。待到他们醒悟的时候，一大段的生命已经过去了，这是无法弥补的损失。

如果你热爱生活，就去参加一次葬礼，真切地感受一下人们对死亡的态度。"亲戚或余悲，他人亦已歌。死去何所道，托体同山阿。"

生命的华美音符永远如此匆匆，你得到了什么，失去了什么？假如生命即将结束，你会不会有一些遗憾？那么这剩下的一段人生路，你又该如何走过？

不要遗憾，不要痛苦，只要你曾经爱过，真诚地生活过。

第五章

友情——一个像夏天，一个像秋天

信守承诺

今天，一整天都做个言出必行、别人可以信赖的人。除非你知道自己做得到，否则，不要许下任何承诺；一旦许诺，就必须排除万难去实现。

这件事要做得彻底。看看许下诺言而且不让任何事妨碍诺言的实现，是一种什么样的感觉。要准时赴约。如果你跟儿子说会陪他在5分钟之内把玩具火车架设起来，就不要拖到15分钟，然后假装自己没有说过5分钟完成。

避免跟人说"也许"。"也许"是一种拖延的方式。偶尔"也许"一下可能没什么不可以，但是一般人都常在无法下决定时，用"也许"做借口。事实上，当你决定把一件事办成并许下小小的承诺时，你是在练习，是在准备将来可以许下更大的承诺——譬如爱某个人并且"至死不渝"。

承诺带有某种神圣的意味。生命中拥有较多爱的人，都是言出必行的人，他们决不承诺任何无法完成的事。他们也不怕作出承诺，因为他们知道人与人之间因承诺而结合，而且知道承诺事实上是文明本身的一种保障。

蝴蝶是春天的诺言，潮汛是大海的诺言，远方是道路的诺言。世界，因为信守许许多多的诺言，而显得深情与厚重。

一个诺言，犹如一座山。可悲可叹的是，我们许多人不时被困在山下。

小时候，我曾遇上一个男生开口向我借钱，而且张口就是借两元钱，在当时，这相当于我两个月的零花钱。我有些犹豫，因为人人都知道那男生家很贫穷，他母亲仿佛是个职业孕妇，每年都为他生一个弟弟或妹妹。他母亲留给大家的形象不外乎两种：一种是腹部隆起行走蹒跚；另一种是刚生产完毕，额上扎着布条抱着新生婴儿坐在家门口晒太阳。

我的为难令那男生难堪，他低下头，说那钱有急用，又说保证5天内归还。我不知怎样拒绝他，只得把钱借给了他。

时间一天一天过去，到了第5天，男生竟没来上学。整个白天，我都在心里责怪他，骂他不守信用，恍恍惚惚地总想哭上一通。

夜里快要睡觉时忽然听到窗外有人叫我，打开窗，只见窗外站着那个男生，他的脸上淌着汗，手紧紧攥着拳头，哑着喉咙说：

"看我变戏法！"他把拳头搁在窗台上，然后突然松开，手心里像开了花似的展开了两元钱的纸币。

我惊喜地叫起来，他也快活地笑了，仿佛我们共同办成了一件事，让一块悬着的石头落了地。他反复说："我是从旱桥奔过来的。"

后来，从那男生的获奖作文中知道，他当时借钱是急着给患低血糖的母亲买葡萄糖，为了如期归还借款，他天天夜里到北站附近的旱桥下帮菜农推菜。到了第5天拂晓他终于攒足了两元钱，乏极了，就倒在桥洞中睡着了，没料到竟酣睡了一个白天和黄昏。醒来后他就开始狂奔，所有的路人都猜不透这个少年为何十万火急地穿行在夜色中。

那是我和那个男生唯一的一次交往，但它给我留下的震撼却是绵长深切的。以后再看到"优秀""守信用"之类的字眼，总会联想到他，因为他身上奔腾着一种感人的一诺千金的严谨。

那个男生后来据说果然成就了一番事业，也许他早已遗忘了发生在我们之间的这件事，可我总觉得这是他走向成功的源头。

请朋友到家里吃饭

前段时间，朋友请我到她家里去做客，在电话里她就兴奋地告诉我，今天她要给我露一手。她本是一个不会做饭的女孩儿，遇到自己在家从来都是吃泡面解决，怎么突然想起来要给我做饭呢？心里有点好奇。到她家里以后，发现她已经着手准备了，厨房里的菜还真不少。我抱着怀疑的态度问她："怎么心血来潮要做饭给我吃啊，你不是只会做泡面的吗？"朋友说："不相信我是不是，那就好好看着哦。让你见识下我的厨艺。"虽然还是有些怀疑，但看她自信满满的样子，我也不好打消她的兴致。

于是她拉开了架势开始做了起来。我闲着无聊就在厨房里观看起来。想不到短短几个月没见，她的厨艺大增，切菜的手法已经很娴熟了。而且做菜的速度也不慢，这边先把鱼汤在锅里炖上，然后把米饭放到电饭煲里焖上，而后更让我惊奇的是左右开弓地炒菜。我不得不佩服了，一个小时的时间竟做了满满一桌的菜。她笑着说："怎么样，赶紧尝尝吧！我迫不及待地尝了下："不错！不错！"然后就再没停下过筷子。

摸着自己吃得圆圆的肚子，我问她："什么时候厨艺这么好了啊？我记得你以前可不怎么做饭啊。"她笑言道："这不被逼的嘛，小时候老是爸妈做饭，现在又是老公做饭，如今我上班的地方离家近了些。就想学学做饭给他们吃，想不到做得还行，感觉也不错。上次回家还做饭给我爸妈吃呢。我如果先到家的话就我做饭，老公没事的话就他做饭，或者两人一起做。哈哈。"我不禁感慨："看来我得向你学习，好好学做饭了。"

那么你会做饭吗？你最拿手的是什么菜啊？如果没有的话，现在就开始学吧。如果怕太难的话，可以从最简单的家常菜做起。而你身边就有现成的老师，你的老妈或其他的家人。就从你们家最常吃的一道菜做起吧。

从选材料开始学起，跟着老妈一起到菜市场去，看她是如何挑选和买菜的，这个是很关键的哦。而在热热闹闹的买菜人群中你也会发现有不同的乐趣。等回到家，在厨房里好好观察老妈怎么做的，如果有不懂的地方就问。之后自己反复试验几次，说不定会让家人刮目相看的哦。

也可以是在外边或朋友家吃到什么好吃的，向他们讨教后回家做给家人吃，让家里人也品尝一下不一样的美食。而当朋友来做客的时候，可以把他们请到家里来，自己做一顿丰盛的美食给大家品尝，一边品尝美食一边高谈阔论，好不乐哉！或是一个人在家的时候，也不能亏待了自己，去厨房里炒几个小菜，放着自己喜欢的音乐，好好享受自己的劳动成果吧。

常听老爸说，做饭是一种乐趣。当我们真正投入地去学习做一道菜的时候，就会发现其中的乐趣了。把一道美味的菜端到家人、朋友的面前，看着他们开心的样子，心里真是有满满的成就感呢。现在开始，试着去做饭吧，等到手艺有成的时候，就可以请朋友到家里吃饭了，比起外面饭店里的饭菜，自己做的更是充满了浓浓的感情。

寻找一个失去联系的旧时好友

　　我们的朋友从我们身旁漂游过去。我们和他们有了联系，他们又继续漂游，我们只能靠道听途说了解他们的情况，而有的则完全失去了联系。当他们漂游回来的时候，我们发现，我们彼此无法了解了。

　　这也许就是对朋友最好的理解，我们的生命中有无数个过客，有些过客和我们有了交流，有了共同的爱好，所以我们称彼此为朋友。我们在一起，快乐地分享一切可以分享的事情。我们在夏天一起去小河边游泳，我们在冬天大雪纷飞的季节里堆雪人。有多少画面是我们在回忆中久久不能忘怀的？而回忆里的朋友如今又身在何方？

　　岁月带走了时间，但是被带走的又不仅仅是时间，还有那些时间里的人。还记得那首歌吗？朴树站在舞台上，他就那么桀骜不驯地站着，他身上的孤独气质包围着他，他唱：

那片笑声让我想起

我的那些花儿

在我生命每个角落

静静为我开着

我曾以为我会永远

守在她身旁

今天我们已经离去

在人海茫茫

他们都老了吧

他们在哪里呀

我们就这样

各自奔天涯

啦……想她

啦……她还在开吗

啦……去呀

他们已经被风吹走

散落在天涯

有些故事还没讲完

那就算了吧

那些心情在岁月中

已经难辨真假

如今这里荒草丛生

没有了鲜花

好在曾经拥有你们的春秋和冬夏

他们都老了吧

他们在哪里呀

我们就这样

各自奔天涯

啦……想她

啦……她还在开吗

啦……去呀

他们已经被风吹走

散落在天涯

他们已经被风吹走

散落在天涯

他们都老了吧

他们在哪里呀

我们就这样

各自奔天涯

落寞的嗓音和歌词结合得那样完美，曾经陪伴我们的朋友就如同这些散落天涯的花儿一样，各自孤单地开放。

你是否总是会对着那些发黄的旧照片情不自禁地微笑，那时候的你们还是不知天高地厚的小破孩。是不是在整理旧物的时候发现了一张小纸条，纸条上歪歪扭扭的笔迹写着：友谊地久天长。还有那个篮球，那是小时候朋友们最爱的运动，搬了好几次家了，还是舍不得丢掉。

试着去联系一下旧时好友吧，就算你只有大致的线索，就算你已经快要忘了他的样子。试着尽自己的最大努力找到他，就只想给他个拥抱，只想坐在一起，回忆一下当年。那些貌似就要缺失的感情终于在自己的寻找下，重新有了色彩。

当和多年不见的好友重新见面时，看着对方那已经成熟的甚至有点苍老的脸，那种时光荏苒的感觉真的让人感触颇深。池田大作说："友谊是使青春丰富多彩的、清纯的生命的旋律，是无比美丽的青春赞歌。"那些关于青春的记忆，都是友谊的见证。

找寻多年不见的旧时好友，也在找寻好友的过程中，找到那时候的自己。就算最终也没能见面，也许因为天各一方，也许因为在这茫茫人海中，相似的故事太多，相似的名字太多，所以我们最终也没有再看见那个属于我们的朋友。遗憾也是我们要面对的结果之一。还是先付出努力吧，既然努力了，结果如何也已不重要了吧。朋友之所以为朋友，是在于心灵的交流和感应，如此而已。海内存知己，天涯若比邻。任何距离都无法阻拦友谊的存在，就算我们多年不见，虽然我们并不知道好友的消息，但在内心最温暖的角落里，还是写着他们的名字。

去车站送一次朋友，体验离愁别绪

一生最怕的事情，就是分离。每次和朋友、家人分开都心疼得难受，总忍不住要掉眼泪。所以总是不敢去车站，不敢去送别。

朋友要去北京了，还是那样，在家哭得不成样子。还是选择去一次车站，体验一次离愁别绪。一路上和好友说话，还是打打闹闹的样子，转眼就到火车站，她就要进候车厅了。说了一大堆让她照顾好自己的话，拥抱了一次又一次，还是舍不得放她走。马上就该检票了，看着她的背影离我越来越远，就那样消失在茫茫的人海中。

车站来来往往都是送别的人，每个人的人生中都不断地上演着离别和相遇的故事。送亲朋、送同学、送父母、送爱人、送子女、送战友……任何一种送别都或多或少要经历情感的波动。

当你将远行时，我有些心痛，想不到送别时是飘雪的天空，我们都将踏上渺茫的前程，也作好准备去度过风雨人生，我会给你写信的……

不会问你路上天空响不响雷，身旁刮不刮风，只问你旅程中手里有没有伞，天上有没有虹……

一篇描写站台的散文细致地勾勒出人们在送别时表露出的真爱，文中写道："站台，是一个细腻多情的少女，又是一个粗犷豪放的汉子，它身上淌着南方河的气息，它肩上托着北方山的情志，它怀着对往日的追忆，它举着对明天的期盼。"

"毕竟，时代的站台，已缩短了远方与远方的距离、心与心的距离，已走出柳永'杨柳岸，晓风残月'的冷艳，已走出了荆轲'风萧萧兮易水寒'的悲怆，已走出了王维'劝君更进一杯酒'的孤寂。于是，便有我们这一辈人揣着激情，西走日喀则，东奔大亚湾，北穿漠河，南跨老山。"

　　"我向往着远方，还因为在驶向远方的路上有许多站台，站台上有许多故事，故事里有许多相识或不相识的朋友，朋友们以他们各自的送行方式表述着爱意。"

　　"人生是流动的，生活是流动的，爱却永久地站着，与坚固的站台一起挥手相送。"送别也许只是生活的一个小插曲，却在记忆中留住岁月，它并不只是一种礼仪，站台上总是流淌着温情。当我们在站台上送别的时候，心中洋溢着纯真的爱。

　　相信写这篇文章的人，一定有着豁达的心胸。他肯定是在经历了无数次的送别之后，才有了这样的体会吧。火车带走的是我们的挚友、亲人，却把回忆留在了心田。选择去车站，体验那转眼天涯的感觉。心里默默念着，希望要走的人，一路顺风。

和知心好友看一次日出

雨的气息是回家的小路

路上有我追着你的脚步

旧相片保存着昨天的温度

你抱着我就像温暖的大树

雨下了走好路

这句话我记住

风再大吹不走嘱咐

雨过了就有路

像那年看日出

你牵着我穿过了雾

叫我看希望就在黑夜的尽处

哭过的眼看岁月更清楚

想一个人闪着泪光是一种幸福

又回到我离开家的下午

你送着我满天叶子都在飞舞

雨下了走好路

这句话我记住

风再大吹不走嘱咐

雨过了就有路

像那年看日出

你牵着我穿过了雾

叫我看希望就在黑夜的尽处

雨下了走好路

这句话我记住

风再大吹不走嘱咐

雨过了就有路

像那年看日出

你牵着我穿过了雾

叫我看希望就在黑夜的尽处

虽然一个人

我并不孤独

在心中你陪我看每一个日出

《陪我看日出》——蔡淳佳

看日出的风景，总是让心灵受到震撼。无法形容太阳喷薄而出时天空美丽的样子。当黑暗在阳光来临之时退去，当光明就这样来到我们的眼前，那一刻每个人的内心都会有不一样的感受吧。海边的日出适合情侣们手牵手一起看，而山顶的日出还是适合好朋友一起看。因为想要到山顶看日出是需要经过很长时间的攀登才可以的。

去泰山看日出更是很多人的梦想。想要去泰山看日出，一定要叫上三五个好友，结伴而行哦。去泰山看日出也有要注意的事项，选择在什么时候上山，上山的时候都要带什么，这些都要事先作好准备。想美美地看一次日出还是需要好好准备的。

从旅游的角度出发，在秋季的9月—11月上旬去最好。因为这期间，大风、降水的概率都较小，晴天机会多，气温也不太低，正是风和日丽、天高气爽的大好时节。其次是11月下旬至次年3月，能看到日出的机会也比较多，达52%。但此期间大风较多，而且正值气候严寒的冬季。4月—6月上旬，虽然比较暖和，但大风多而天气干旱，常常出现沙尘暴天气，看到好日出的机会很少。6月中旬—8月，恰逢泰山地区雨季，阴雨天多，能看到日出的机会也不多。不过，如遇上雨过天晴，却又可领略到天上红云朵朵、下面云海碧波的壮丽景色。由于泰山顶上气温较低，夏日登泰山，还可以避暑。

选好登山的季节，还要了解登山的必要装备哦。手套是登山的必要装备之一，因为登山时，需要借助台阶边上的铁链，而且一般都是晚上出发，山里的气温低，铁链会很凉，戴上手套就是必须的了。很多"驴友"还说一定要带一个手电筒，虽然沿路都有路灯，但是在一些比较曲折的地方，还是需要借助手电筒来照明的。最重要的就是要带上一瓶淡盐水了，爬山是很消耗体力的，所以我们需要盐水来补充体能，其他吃的东西不要带，否则会影响爬山的速度。因为在山顶的气温非常低，所以会有很多出租大衣的小商贩，到山顶上可以租大衣，这样就不用带厚衣服上山了，也能相对减轻许多负担。

三五好友在登山的过程中，互相搀扶，就算不说话，还是能从朋友紧拉着我们的手中，感受到友情的力量。在等待日出的时候，几个人围在一起，在黎明到来之前的最黑暗的世界里，手拉着手。生命中能有几次看到泰山顶上的日出？珍惜这看日出的机会，也珍惜身边陪伴自己的好友吧。

参加一次同学聚会

高中毕业以后，同学们都去上了大学，由于成绩不理想，她不得不选择了复读。一向骄傲的自己从此再没有什么骄傲可言。那年冬天，班里要组织一个同学聚会，她想了很久，还是没有去。她知道他们要聊的话题总会跟自己的大学有关，而她还是一个复读的高中生。她以为他们没有什么交集了，她以为他们会用异样的眼光来看待她这个落榜的复读生，所以她选择了逃避。

等到多年以后的一次同学聚会，她去了，那是她第一次参加同学聚会，她兴奋得像个孩子。因为她看见了多年不见的好友，那些曾经生活在一起的好姐妹。那次聚会她玩得很疯，她喝了很多酒。散场时，一个男生说要送她回家，是她曾经的同桌。一路上，他们两个说着以前的事情，回忆着他们同桌的日子，那些旧时光，在这个晚上显得快乐而生动。他问她那次的同学聚会为什么没有参加，她说："那时的我，完全没有自信，我不想在同学面前抬不起头。"听到这些话，他笑她傻，他说："那次聚会，因为缺少你，我们大家都很难过，同学永远不会因为你当时所处的境况而看不起你，我们只是思念那个活泼，带给大家快乐的你。"她大步地走着，流下了眼泪，其实她也想去参加同学聚会，只是被自己的骄傲打败了。

时间是一个巨大的过滤器，那些遥远的美好的回忆令我们激动不已，而那些曾经的不愉快都在这个过滤器的过滤中，被删除掉了。与多年不见的同学相聚，会满足我们心底温馨的怀旧情结，使我们感到自己不仅仅拥有一个现实，同样还拥有一部历史。在这部历史大书里，印有你青春时代的照片。仔细端详这张老照片，你在感慨光阴似箭的同时，又为自己拥有今日的生活而感到自豪。在同学聚会的日子里，你变得年轻而充满朝气。

我们毕业多久了？一二十年仿佛弹指一挥间。每天日常生活的碎事和尘埃，都一点点降落下来，覆盖着我们的记忆，越积越厚，让我们的心，也越来越冥顽，越来越麻木与冷漠，越来越自私与窄小，越来越固执地圈在一个小天地里。我们全心全意地营造自己的事业和家庭，不曾留下时间与同学往来。如果真要找个什么理由的话，那就是，每个人都像个陀螺一样周旋忙碌于由工作、家庭、孩子组成的这个永远走不出的圈里，疲惫不堪，岁月就在忙碌与疲惫中溜走了，留下了一个空空如也的自己。自从毕业的那天起，我们如空气般消融在都市的角角落落，然后我们用青春的热情和智慧在各自的天地里螺旋般成长着进步着，直到长出白发。

当我们蓦然回首时，才惊觉自己与大多数同学和老师已失去了联系。

"再过20年，我们来相会。"同学之情已沿着时间隧道渗透到心间了，就让这种美妙的情感弥漫开吧！如果不聚会一次，也许会抱憾终生。找一日空闲，抛开一切俗务，让久已消逝的少年时光再度重现，将昔日情境留住片刻。尽管时光已将我们打磨得面目全非，但我们为往事干杯的刹那，已超越了功利，这份不为世风所染的纯净的情感，是无法刻意寻得的。

站在过去与未来的交叉点上，让我们再度举杯，为老同学祈福。

找到一个真正的好友

人的一生都在不停地寻找，寻找朋友，寻找爱情。童年的我们，玩着丢手绢的游戏长大，我们跑着，唱着，找啊、找啊、找朋友，找到一个好朋友，敬个礼啊、握握手，你是我的好朋友。一路走，以为自己有很多朋友，有些朋友可以陪我们一起玩游戏；有些朋友只能陪我们学习；还有的朋友则可以跟自己一起逃课、打架，甚至一起玩离家出走的游戏；或许还有一种朋友，他们只是默默地看着你，默默地和我们一起长大。

有句话说，"别人都走开的时候，朋友仍与你在一起"。只有当我们面对困难的时候，才能看出哪些是真正的朋友。一起玩游戏的所谓的朋友已经找到别的玩伴，他们没必要跟你一起面对困难。一起逃课、打架的朋友也可能在面对他们的困难，他们没有时间来管你的事情。不知道在什么时候，你会找到一个特别的朋友，他只是你生活中的一部分，却能改变你整个的生活。他会把你逗得开怀大笑，他会让你相信人间有真情。他会让你确信，真的有一扇不加锁的门，在等待着你去开启，这就是永远的友谊。

他会在你失意时，在所有人都开始远离你、不信任你的时候，陪在你身边，会让你振作起来，他会与你一同度过困难、伤心和烦恼的时刻。你转身走开时，真正的朋友会紧紧相随；你迷失方向时，真正的朋友会引导你，鼓励你。真正的朋友会握着你的手，告诉你一切都会好起来的。如果你找到了这样的朋友，你会快乐，会感受到人生的美妙，因为你无须再忧虑。当你拥有了一个真正的朋友，你们的友情将永无止境。

一个青年说：请给我们谈友谊。

纪伯伦回答说：

你的朋友是你的有回应的需求。

他是你用爱播种、用感谢收获的田地。

他是你的饮食，也是你的火炉。

因为你饥渴地奔向他，你向他寻求平安。

当你的朋友向你倾吐胸臆的时候，你不要怕说出心中的"否"，也不要瞒住你心中的"可"。

当他静默的时候，你的心仍要倾听他的心。

因为在友谊里不用言语，一切的思想、一切的愿望、一切的希冀都在无声的喜乐中发生而共享了。

当你与朋友别离的时候，不要忧伤。

因为你觉得他最可爱之处，当他不在时会愈见清晰，正如登山者在平原上眺望山峰加倍分明。

但愿除了寻求心灵的加深之外，友谊没有别的目的。

因为那只寻求着要显露自身的神秘的爱，不算是爱，只算是一张撒下的网，只网住一些无益的东西。

把你的最美的事物，都给你的朋友。

假如他必须知道你潮水的下退，也让他知道你潮水的高涨。

你找他只为消磨光阴的人，他还能算做你的朋友吗？

你要在生长的时间中去找他。

因为他的时间是满足你的需要，不是填满你的空虚。

在友谊的温柔中，要有欢笑和共同的喜悦。

因为在那微末事物的甘露中，你的心能寻到他的友情而焕发了精神。

获得朋友的唯一方法，就是先学会做他的朋友。

人生之中，能遇见一个真正的朋友并不容易，也许刚开始遇见的时候，你们互相看不顺眼，你觉得与这个人毫无共同语言，你是热烈的夏天，而他是寂静的、冷清的秋天。当你们渐渐地接触，你甚至不敢相信你是那么欣赏他沉着、冷静的品质，而他也喜欢你热情的关怀。

找到一个真正的好友，你们一个像夏天，一个像秋天。但是却互相欣赏，永远跟随，不离不弃。

找一个肝胆相照的蓝颜知己

在竞争激烈的今天，女性要承受来自多重角色的压力，在精神上其实非常需要一些强有力的支持。但是当恋爱中的女人或已走进婚姻的女人有了烦恼时，往往她不会再去同那些要好的女性朋友说悄悄话，而是找知心的男性朋友去倾诉。这样的男性朋友就是女人的蓝颜知己。

"蓝颜知己"往往都是女性的死党朋友，认识时间很长，彼此了解而且信赖。你与这种蓝颜知己之间没有爱情，却又比一般朋友多一份肝胆相照，更不用担心时间久了友情会淡漠。能做蓝颜知己的男人，必是男人中的极品。能拥有蓝颜知己的女子，必是女子中善解人意的聪明者。

无论是男人还是女人，都需要全方位的感情关怀。曾经有人将这种异性感情称为"第四类感情"，也叫它"灰色感情"，作为人类对爱情和友情所不能达到的范围的补救。蓝颜知己，不像爱人的朝夕与共，却在你最快乐和最难过的时候被你想起，想起时感到深深的温暖和慰藉；不像父亲的严厉，但对于你的偏激与固执，同样毫不留情地给你敲警钟；不像孩子般的不通世故，但偶尔流露的孩子气的笑容让你感动……

每个女人，骨子里头几乎都有这样一种情结，想拥有个蓝颜做知己。他居住在她的精神领域里，他不一定英俊，但一定成熟、可靠、善解人意。但你若想同"蓝颜知己"长久地交往，那就首先需要进行自我定位。

距离太近了，知根知底，反倒做不成知己。要对"蓝颜知己"没有任何其他杂念，只是想对他倾诉。他懂得她的一切，哪怕叹息，哪怕哭泣。他静静地倾听，体贴得如冬夜里的一杯暖茶。他不会刨根问底去探寻她哭的缘由，也不会嘲笑她的孩子气。他没有丈夫的霸道和情人的贪婪，他是静静的一株勿忘我，在午夜里，散出清雅的幽香，一点一点渗透女人的心。在女人哭完的时候，他会沉默半晌，而后很轻很柔地说一句，早点睡吧，别想太多，明天太阳又会升起。女人陡然觉得全身心都放松了，是那种卸下千斤重担般的轻松。

这样的蓝颜是可遇不可求的，他一旦被某个女人引为知己了，他就绝对会把距离拿捏得很准，让自己永远一棵树似的，在女人的想象里繁盛，总也不会落叶。女人的梦想里，便总期待着能与这样的男子相遇，一旦遇上，她们的寂寞和软弱，便都有了寄存的地方。蓝颜知己是女人们不息的一个梦。

那么，女人如何给自己的"蓝颜知己"定位，或找什么样的"蓝颜知己"最合适呢？把他放在哪个位置上最合适？

"蓝颜知己"是心甘情愿地为你分担苦恼，但没有性别意识的男性朋友；"蓝颜知己"是欣赏和尊重你思想的男人。

如果能找到一位有思想，又能真心待你的"蓝颜知己"，女人的思想会出现质的飞跃。一个有思想的男人与一个有思想的女人进行交流和沟通，等于吸取了两性思想的精华。这对两个人来说，都是非常值得珍惜的事情。

当然了，作为女人是要懂得取舍的。假如有个男人很欣赏你的思想，那你一定要把握好你们之间相处的分寸，千万不要使这种难得的友谊误入歧途，免得到最后连朋友都做不成。要知道，他既然很欣赏你的思想，他也会像爱你的思想一样，去爱别的女人的容貌、身材等。

如果一个女人真的拥有"蓝颜知己"，不仅是女人的一种幸福，也是一种幸运。但要永远记得，你们仅仅是思想上的"蓝颜知己"，仅此而已。

学会信任朋友

约瑟夫·鲁说："信任是友谊的重要空气，这种空气减少多少，友谊也会相应消失多少。"朋友之间，最为重要的就是信任。当你对一个朋友失去信任的时候，你即将失去这个朋友。有多少朋友因为彼此之间的一点不信任就从此分道扬镳了。一个懂得信任朋友的人，身边才会有越来越多的朋友。

那是在公元前4世纪的意大利，有个年轻人叫皮斯阿司，他冒犯了国王，被判绞刑，将在某个法定的日子里被处死。皮斯阿司是个孝子，在临死之前，他希望能与远在百里之外的母亲见上最后一面，以表达他对母亲的歉意，因为他不能为母亲养老送终了。

他的这一要求被告知了国王。国王感其诚孝，决定让皮斯阿司回家与母亲相见，但条件是必须找到一个人来替他坐牢，否则他的这一愿望就只能落空了，这是一个看似简单其实近乎不可能实现的条件。有谁愿意冒着被杀头的危险替别人坐牢，这岂不是自寻死路？但茫茫人海，就有人不怕死，而且真的愿意替别人坐牢，他就是皮斯阿司的朋友达蒙。

达蒙进牢房以后，皮斯阿司回家与母亲诀别。人们都静静地关注着事态的发展。日子如水，皮斯阿司一去不回头。眼看刑期在即，皮斯阿司也没有回来的迹象。人们一时间议论纷纷，都说达蒙上了皮斯阿司的当。

行刑日是个雨天，当达蒙被押赴刑场时，围观的人都在笑他的愚蠢，那真叫愚不可及，幸灾乐祸的人大有人在。但刑车上的达蒙，不但面无惧色，反而一种慷慨赴死的豪情。追魂炮被点燃了，绞索也已经挂在了达蒙的脖子上。有胆小的人吓得紧闭双眼，他们在内心深处为达蒙深深地惋惜，并痛恨那个出卖朋友的小人皮斯阿司。但是，就在这千钧一发之际，在淋漓的风雨中，皮斯阿司飞奔而来，他高喊着："我回来了！我回来了！"

这真正是人世间最感人的一幕。所有的人都齐声高喊起来，刽子手甚至以为自己身在梦中。消息传到了国王的耳中，国王将信将疑地急急赶赴刑场。最终，国王亲自为达蒙松了绑，并当场赦免了皮斯阿司的罪行。

千百年来，有关朋友的解释千种万种，但意大利的史书作者，固执地在这个故事后面，就朋友的含义只写了一个词，那就是：信任。

多少个世纪了，我们好像已经忘记了信任的含义。信任不是迷信，是为对方设身处地地考虑。信任不是盲目，是忘掉自我，全然的一心一意。一个傲慢的人不可能有信任，他唯一相信的就是自己。一个没有慈悲的人不可能有信任，他没有推己及人的胸怀。信任是大海，有包容的胸襟；信任是无我，远离自我所有的恐惧。

让我们多一份信任吧，少一份怀疑；让我们去理解对方吧，就像去理解现在，只是将来回忆中的过去。

信任是一个人必须具备的素质，当我们不能信任别人，失去信任的能力的时候，我们也会渐渐地不被别人信任。任何事情都是相对的，得到与失去也只在一念之间。

为朋友疗伤止痛

此时，思念一个陪我走过疼痛青春的朋友。她在我身边，像个天使，给我温暖。她给我大大的拥抱，她陪我一起走过寂静的操场。我们每天写交换日记，她说，不要悲伤，悲伤是别人给的耻辱。我以为自己就要这样悲伤下去，就要这样被遗忘，我以为初恋就是要一辈子相守。她笑着给我擦干眼泪，她像一个哲人一样告诉我，所有过去都只是过去，而我还会有更多美好的明天。

当我渐渐走出悲伤，我才发现，她预言了一切。她说得对，我还有漫长的明天和未来，只是被眼前的浓雾迷了眼，她牵着我的手，是怎样执著地走出那片让我迷路的森林。从此才知道，为朋友疗伤是一件让人温暖的事情。有人说，不要在别人受伤的时候去安慰他，那样只能让他更加难过。可是我知道，他需要的是一个拥抱，他需要有个人拉着他逛街，有人陪着他吃饭，有人陪他看一场电影，也需要一个人倾听他的委屈。不要让受伤的朋友感到孤独，推掉一切应酬，就只是陪着他，就算陪他大醉一场，就算陪他大哭一场，因为我们是朋友。

如果能，希望我们的每一个朋友都不受伤，希望他们不用经历和自己一样的伤痛。如果祈祷可以实现，我愿双手合十，为朋友祈祷一切安好。如果能，我希望我能陪伴在每一个受伤的朋友身边。我要为他们读上一本书，我要把天下最好笑的故事讲给他们听，我只想看见他们灿烂的笑容。

今天，特地去看一位心灵受创的朋友、亲戚或相识；或把有苦恼的人聚在一起，互相诉说你或其他人最近所遭遇的烦恼；或安慰丧亲、困窘、身体或感情上有困扰的某个人。要从朋友或团体的关系中得到更多爱，表示你要在自己四周架构一个爱的网络，而这意味着你要主动去关怀受到伤害的人，并协助他们疗伤止痛。

这样做，并不是要你扮演医生、宗教领袖，或精神治疗师的角色——这些事留待受过专业训练的人去做。我真正的意思是要你做一个人，尽你的心力助人，让人家知道你关心、你了解、你愿意听他倾诉并为他耽误任何时间。你不必只是付出、付出、又付出。但是，你可以用自己的方式付出。

你也不必在今天设法解决每一个问题，只要全心关怀即可。某位朋友或邻居是否因为叛逆期的孩子而正感棘手？你可以主动从中协调，至少客观地听听大小双方的说辞。社区内是否有位老妇人的纱窗门破了待修，以免她的宠物猫跑出来？你可以帮她修理，如果自己没空，就设法找个人去修。你是否有位相识因为亲人即将去世而身心备受煎熬？你可以去问他或她需要你帮忙做什么，这样可以让他或她觉得好过些。你可以煮一锅汤送过去，为他或她做好一个星期的饭菜并放在冰箱里，或主动帮他或她照顾孩子。

当你为人疗伤止痛，并尽心协助别人时，你等于在建立一个个人的"生命共同体"，同时，也提升了爱的品质，你就是那个"大我"中的"小我"。

和高中同学重游母校

母校是一支永远的乐曲，我们是她一个放飞的音符，无论我们将来汇入哪一首歌里，都跳动着她的一节旋律！

母校是一处温馨的港湾，我们是她怀中驶出的一艘小船，无论我们将来泊在哪个码头，都闪烁着她的一盏航灯！

在校友的博客里闲逛，看见一组高中母校的照片。突然发现，自毕业后，就再也没有回母校看过了。我上的高中是封闭式管理的学校，每个月只有两天假，再加上高中繁重的课业负担，高中过得很是压抑。但是忙里偷闲是我们的专长，每天晚上睡觉前，都会讨论毕业以后的事，当然讨论的时候还不能被严厉的宿管阿姨听见，不然就有被罚站的危险。

我们都说，毕业以后再也不要回来了，还信誓旦旦地说，再也不会思念这个压迫我们灵魂的学校。于是，我们就这样毕业了，我们上了大学，我们工作了。偶尔看到关于高中的照片和文章，都备感亲切。那组照片的名字就是：想不到有一天我会想你。有多少东西是我们当初都想不到的，我想不到，那个让我发誓不再看一眼的学校，竟让我如此想念；我想不到我还会思念那个每天逼着我背单词的英语老师。

看完照片，突然就开始计划着，什么时候有机会，能和高中的好朋友再去母校看看。记得学校的操场边有大片的桃树，春天桃花开得漂亮，花瓣落在淌过的小河里，美不胜收。早上在桃树下背古文，总有一种时光穿梭的感觉。那个教室，是我们曾经上课的地方，趁着老师不注意，我们偷偷地传纸条。还有那座楼，我们生活了三年的宿舍，我们把励志的话贴在墙上，就算熄灯了，还要拿着手电筒偷偷地学习一会儿。

此时的教室里，应该坐着和我们当年一样充满斗志的孩子吧。他们脸上是掩盖不住的稚嫩。厚厚的书本和卷子，堆在他们的课桌上，那也是他们梦想生长的地方。和同学一起回母校看看吧，回忆一下当年的糗事也不错。那时候，是谁上课偷偷地看安妮宝贝的书，还要同桌帮忙注意着班主任的突然袭击？是谁臭美地上课偷偷照镜子？又是谁恶作剧地把仓鼠放在你的抽屉里？

　　曾经年少，和老师作对是我们的专长。但是，性格好的班主任还会在每次考试之后慰劳我们，因为他是刚毕业的大学生，所以总觉得缺少一些严厉，反而给我们更多的亲切。班主任是个体育老师，胖胖的可爱的样子，女生都在私底下叫他维尼，有时候在班主任面前说漏嘴，他也不生气。也许正是他的性格好，所以我们的高三过得充实，但是又轻松。

　　还记得每次班级参加学校组织的活动，都会拿第一。那次的歌唱比赛，我们又得了第一名。奖品是一株有两米高的滴水观音。班里的男生费了好大劲才把它抬到教室，那株滴水观音，陪伴着我们直到毕业。不知那曾经的滴水观音，现在是什么模样了，是不是还在那个教室的角落，陪伴着不同的学生呢？

　　抽时间，回母校看看吧。带上相机，约上高中时候的死党，回校园转转，拍下记忆中的风景。和老师聊聊天，谈谈最近的改变。也许时光真的可以过滤回忆，此去经年，我们脑海中，留下的只有美好的回忆。

和好友开怀畅饮，大醉一次

你有多久没有开怀大笑了？多久没有尽情流泪了？每天，我们都用礼貌、准则把自己包裹得严严实实，真性情很难显露了。如果你觉得厌倦了，那就找个机会开怀畅饮，让自己醉一次吧。喝醉之后，你会变得超脱旷达，才华横溢；你会忘却忧愁和烦恼，到绝对自由的时空中翱翔；你甚至会肆行无忌，丢掉面具，口吐真言……

曾看见过朋友醉酒之后真性情显露无遗，豪迈举杯的样子简直可以把祖国山河揽进怀里，碰杯的力度绝不亚于久别重逢时的紧紧拥抱。原本静如止水的优雅与儒雅一扫而空，显露出孩子般的顽皮与傻气，一脸的纯真流淌，满眼的笑意荡漾，讲话的语速如流水般叮咚，原来暮气沉沉的朋友在酒精的作用下竟也变得可爱至极！真乃酒不醉人人自醉，醉出了一个率真的自我！

也曾向往着一生醉一次，哪怕只有一次！其实，真切地醉一次也很难，特别是身为女儿身的我，得找一个合适的环境，约一些合适的朋友，在合适的时间才可以达到酒醉的状态吧！有一天，终于和同学们在别后十几年相遇了，几个女同学相约一起醉一次。那晚，我也不知喝了多少杯，可是偏偏唯独我没有醉倒。她们一个个面若桃花，兴奋异常，语无伦次的状态透出了她们原本的憨态，令人生出几许怜爱！彼此在并不宽敞的空间里说笑着，十几年的经历浓缩成一句话："为往事干杯！"

送走了她们，我独自似醉非醉地走在大街上，拒绝了爱人的好意，推辞了车辆的代劳，就是想一个人走走。酒真的能壮胆，以前一到天黑就不敢迈出家门的我，此刻居然一个人在深夜的马路上闲逛。这份感觉真是独特，我清晰地摸到了风的凉爽，夜的温柔。抬头看天，邀月共醉，起舞弄清影。问一句月里的嫦娥，真的"高处不胜寒"吗？地上的女子在夜的包裹里竟也感到了心灵的寂寞。这种俗事覆盖着的寂寞在酒醉之后竟那样放肆地疯长。

忽然记起朋友问我，听过花开的声音吗？为着这句问话，我怪怪地看了她半天。此刻，躲开一切俗事，竟也听到了月光下花开的声音。让生命开花"，何等豪迈、何等神圣、何等阳光的人生境界；听花开的声音，又是何等浪漫、何等高雅、何等宁静的生命过程。要听到花开的声音，需要一颗不平凡的心，需要耐得住寂寞、充满爱、敏感又多思的慧心。今夜我也有这样的时刻去欣赏生命开花，聆听花开的声音，我感动得心儿狂跳，自己醒着的时候是糊涂人，醉着的时候倒挖掘出潜在的慧根。花儿静静地绽放，每一朵花都有每一种花开的声音，每一次开放都伴着阵痛而来。而聆听花开声音的我，心中绽放的是蓬蓬勃勃的生命之花。我庆幸自己在这样的醉酒之后能聆听到花开的声音，现在想来，那无限的寂寞成全了我。

凉凉的晚风吹醒了我，现实的一个又一个压力、一道又一道坎，像汹涌的海水涌向我，那些困难不知多少次阻挡了我前进的脚步。此刻分明感觉到了那些阻挡也是一次花开的过程，我学会聆听花开，当然更能跨过困难的坎。偶尔醉一次，清醒也好，糊涂也罢，总能有所收获。谁愿意醉一次，我可以舍命陪君子！

浩瀚史书中，关于醉酒的典故太多太多。汉高祖醉斩白蛇，李白斗酒诗百篇，贵妃醉酒而千娇百媚，李清照因沉醉而误入藕花深处等等，酒似乎已深深地渗入到人的骨髓里去，不分性别，不论年龄。酒不可贪多，但是人生一定要开怀畅饮醉一次。醉，是精神的专注沉浸，是忘我的眷恋痴迷。那一刻，心灵悸动，心湖荡漾，快感迭起，晕眩颤抖。血沸腾，人兴奋，话肆意。那样的境界，是享受的上乘，是快乐的巅峰。

醉看品位，醉需底蕴。身体的醉是醉之皮毛，脚步轻飘，眼神迷乱；意识的醉才趣味无穷，醉中神清，醉后思逸。心情因柔软温润的空气氤氲而怡然自得，品性因芬芳雅致的物质招引变得高洁宁静。于是，淡看了天边的云卷云舒，安然于庭前的花开花落。渐学会行云流水的飘逸，遂向往天下无尘的绝美。

所以，无论你是谦谦君子，还是温柔淑女，一定要允许自己醉一次，体验醉之乐。

和朋友一起拍一套写真集

　　和朋友一起拍一套写真集吧，不要等时光流逝，青春不再的时候才去后悔。和朋友一起走进影楼，留下美好的影像，为你们的友谊做最好的见证。不知道从什么时候开始，写真集已经不再是明星们的专利，它已经越来越多地走进了千千万万个普通的家庭。很多时尚的女性，就拥有了好几本属于自己的写真集；刚参加工作的小女孩们也把拍写真集作为自己发工资后的第一件事；三十岁的年轻妈妈有一天忽然看见脸上的一个细纹惊叹不已，发誓要在自己青春的黄昏去照相馆寻找年轻时的影子；甚至还有几个不服老的老年人也走入了拍写真集的行列。

　　　　　　看看镜头里的自己，告诉自己
　　　　　　　我欣赏我的生活
　　　　　　　　我欣赏我自己
　　　　　　　　我欣赏我的健康
　　　　　　　　我欣赏我的幸福
　　　　　　　　我欣赏我的爱心
　　　　　　　我欣赏我的与人分享
　　　　　　我欣赏我知道我自己要什么
　　　　　　我欣赏我懂得享受的乐趣
　　　　　　　我欣赏我的平衡
　　　　　　　我欣赏另一个我

　　我们要学会欣赏自己，当我们比较欣赏自己的时候，会更多地得到别人的欣赏。要学会欣赏自己，首先要懂得爱自己，你必须了解自己，了解自己的优点、缺点，了解自己的思想、学识，了解自己的身体、容貌。如果你还不了解自己，可以说你还处于不成熟的阶段。

成熟的标志：成人有成人的仪式，成年有成年的仪式。从拍写真集的那天开始，你成熟了。你懂得如何面对自己，面对自己身上每一处值得骄傲的地方，面对自己身上每一处难以忍受的地方。美的，丑的，都是自己的。

心灵的交流：和自己对话的方式有许多，比方说写一本书。主人公当然是你自己，故事也是你的，至于插图，少不了一些精美的图片，拍写真集就显得很有必要。和别人对话的方式也有许多，比方说看一本书，别人喜着你的喜，悲着你的悲，从故事中了解你的成长轨迹，从图画中感受你的精彩人生。

勇气的考验：每一个拍写真集的人都面临一种考验，胆子大的人才能获得一套完整的写真集。拍人体写真与拍黄色图片不同，同样是裸体，前者让你享受，后者让你恶心。通过运用现代高科技手段，人体写真不仅不会暴露出你的敏感部位，相反还会衬出你的优美体形来。敢拍人体写真的中年人绝对是勇者，他们能挑战传统的观念，和世俗的习惯叫板。

留个美好回忆：从相片被发明的那天开始，一直与人类的回忆密不可分。翻看一张张的老照片，你会想起从前的点点滴滴来。青年和中年都是人生必经的阶段，有个值得纪念的东西比什么都没有强。此时的你也许有些发福，也许有点皱纹，可这并不重要，能够记录下真实的生活，才最为重要。

追求完美的女性，不要再徘徊了，走进摄影棚，找一个专业的摄影师，让他帮你认真设计一本能够给你带来好运或者能给你留下美好回忆的写真集吧，从拿到成品的那一天起，你会发现原来自己才是最好的。

第六章

爱情——相知相守，温暖如你

和亲爱的人一起晒太阳

我要一个大大的落地窗

我要满满一屋子的阳光

我要和你坐在摇椅上

晒太阳

还要一只猫

慵懒地趴在脚边上

有多久没有惬意地晒太阳了？不知道是高楼林立挡住了阳光，还是我们太忙，和亲爱的人晒一晒太阳都需要计划和安排了。好久没有闻到阳光的味道了，那是一种特别的香味。每次晒完被子，满屋子都会有阳光的味道，暖暖的香气。现在的人们大多过着朝九晚五的生活，坐在办公室里，分不出白天还是黑夜。厚重的窗帘遮住外面的世界，也遮住了阳光。

特别是冬日的阳光，总让人珍惜。很羡慕那些坐在村口晒太阳的老人，阳光尽情地洒在他们身上，闲话家常或者眯着眼睛睡觉，生活安逸知足。选择一个周末，和亲爱的人一起晒晒太阳。街边的公园是个不错的去处，手拉手，如果还有一只狗狗的话，请不要忘记带上它。阳光透过树叶，在地面上形成斑驳的投影，犹如时光的碎片，我们一步步走过。前面是两个互相搀扶的老人，他们身影有些弯曲了，手里还拄着拐杖。他们走得很慢，而且每一步都那么安静，阳光照射到老人身上，他们的满头白发甚至还有些闪光，可是直到走完这条小路，他们紧紧握着的手还是没有松开的迹象。每次遇到这样的老人，都会停下来，多看一会儿。一直以为两个人能一起慢慢变老才是这世界上最浪漫的事。

不要每个周末都窝在家里睡懒觉了，和亲爱的人一起出门晒晒太阳吧。不仅能促进感情和谐，还能杀菌消毒哦。两全其美的事情，何乐而不为呢？出门之前，一定要穿得很相配哦，如果你们有情侣装的话，那就穿上吧。两个人可以躺在草地上，说说还没有实现的梦想，当然也可以回忆一下热恋时的甜蜜味道。任由阳光抚摸着我们的脸，抛开一切繁杂的事物，此时生活简单美好得一如童话故事。

当然还要让自己的心灵充满阳光。为自己的心灵打开一扇窗，让阳光能照进我们心底的每一个角落。听过一个扫阳光的故事吗？有两个小兄弟住在家里的阁楼上，由于阁楼年久失修，卧室的窗户只能整天密闭着，整个屋子显得十分阴暗。

这两个小兄弟看见外面灿烂的阳光十分羡慕，他们想：只要愿意，我们可以把外面的阳光扫一点进来。

他们很用心地将映在地上的阳光扫进簸箕里，然后又小心翼翼地试着将其搬进阁楼，可是一进楼梯口的黑暗处，阳光就没有了。但是他们并没有放弃，而是一而再、再而三地扫，小心翼翼地扫着灿烂的阳光。但依然是徒劳，屋内还是没有阳光。

正在厨房忙碌的母亲看见这两个小家伙奇怪的举动，问道："你们在做什么？"他们回答说："房间里太暗了，我们要扫点阳光进来。"母亲笑道："只要把窗户打开，阳光自然会进来，何必去扫呢？"

正如这位母亲说的，把窗户打开，阳光自然就会进来。不管是家里的窗户，还是心灵的窗户，只要打开了，就会有阳光透进来。阳光透过窗子，照射在地板上，时光仿佛静止一样，和爱人背靠背坐着，在阳光下，玩玩手影也不错，享受有阳光的生活吧。

看一场有关爱情的电影

和爱人看的第一场电影是什么，还记得吗？有没有把那张电影票珍藏起来，并且不时地拿出来看看呢？谈恋爱最不能少的节目就是看电影了，坐在电影院黑暗的放映厅里，牵着手，心里甜蜜得无法形容。又到了贺岁档，各种电影也选择在这个时候上映。其中，当然不会缺少甜蜜的爱情电影了。不管是热恋的情侣，还是已经结婚的夫妻，一起在情人节的时候，看一场和爱情有关的电影吧。

看电影当然不能缺少爆米花和可乐啊，虽然不知道这个习惯是怎么流传下来的，可是每次看电影，这是必买的。关于爱情，我们也许有各种理想，有人期待浪漫，有人期待真诚，可现实中的爱情总是少了那么一点味道。所以我们把梦想寄托在电影上，我们看电影里的主人公爱得缠绵悱恻，爱得撕心裂肺。

不过去电影院最喜欢的还是那种氛围。前段时间上映的《山楂树之恋》就是一部适合情侣们一起看的电影。坐在放映厅外等着入场，才发现，身边有好多中年的夫妻，也许他们和电影里的主人公有一样的经历，所以才会来看这部电影的吧。故事发生在那个特殊的年代，所有人的感情都要被压抑，就连亲情在那时候也显得不合时宜。静秋和老三的爱情，被称为史上最干净的爱情。静秋第一次和老三牵手的镜头，让看电影的我们忍不住笑了，老三和静秋走夜路，老三怕静秋摔着，就要拉着她一起走，静秋害羞地把手缩回来，老三就在地上捡了一根木棒，两个人都拉着那根木棒走，但是，老三的手和静秋的手却越来越近。

也许正是因为现在的爱情太速食了吧，在一起快，因为大家相信一见钟情；分手也快，最多也不过是27天的习惯。所以在看静秋和老三的爱情的时候，才会觉得唯美和珍贵。每个人都有过一个这样唯美的梦想吧，只是这样的爱情才最痛。静秋去看望生病的老三，她在医院门口坐了一夜，而老三躲在窗户后面看了静秋一夜。老三为静秋找房子，晚上两个人躺在那张单人床上，老三牵着静秋的手，他们就那样睡了一个晚上。那是他们最后的时光了，静秋再一次见到老三的时候，他已是弥留之际了。静秋大喊着自己的名字："静秋、静秋，你不是说只要我喊静秋你就会回来吗？"我偷偷地看身边的他，已是泪流满面。

当然一些很小众的电影，有时候并不适合在电影院里看，可以在周末租一张碟，两人依偎在沙发上，静静地看故事的发展。如果是窝在家里看的话，那就看王家卫吧，一直很喜欢他拍电影的方式。从《重庆森林》看到《2046》，每一部电影都有新鲜感受。

如果心中有暗恋的人，那就看《重庆森林》吧，一直觉得王菲是个不会表演的人，但是她在王家卫的镜头下却是那么吸引人。她嘴里哼唱着《加州旅馆》，她偷偷地喜欢上了梁朝伟扮演的警察。每天去梁朝伟家打扫卫生，自己和自己说话。但是她在看见梁朝伟的时候，甚至连招呼都不敢打，她羞涩地低着头，话也说不清楚。

如果你们也是很多年没有一起看电影的老夫老妻了，不妨趁着节日有时间一起去看场电影吧。老公要偷偷地买好票哦，在晚上告诉妻子，明天我们一起去看场电影吧，她一定会像你刚认识的时候一样，脸红起来。

热烈地爱一个人

舒婷在诗中写道：我如果爱你——绝不像攀援的凌霄花，借你的高枝炫耀自己；我如果爱你——绝不学痴情的鸟儿，为绿荫重复单调的歌曲；也不止像泉源，常年送来清凉的慰藉；也不止像险峰，增加你的高度，衬托你的威仪。甚至日光。甚至春雨。不，这些都还不够！我必须是你近旁的一株木棉，作为树的形象和你站在一起。根，紧握在地下；叶，相触在云里。每一阵风过，我们都互相致意，但没有人听懂我们的言语。你有你的铜枝铁干，像刀、像剑，也像戟；我有我红硕的花朵，像沉重的叹息，又像英勇的火炬。我们分担寒潮、风雷、霹雳；我们共享雾霭、流岚、虹霓。仿佛永远分离，却又终身相依，这才是伟大的爱情，坚贞就在这里：爱——不仅爱你伟岸的身躯，也爱你坚持的位置，足下的土地。

去见那个女孩之前，他总会揣上七颗神秘的安定。

他第一次见她，就知道她失眠得厉害。脸色苍白，神情疲惫，这是失眠的主要特征。所以他对她说的第一句话是："也许你需要安定。"他用了"也许"，是因为他见过很多矫揉造作的女孩，明知道自己有病还不肯承认。他不能判断她会不会是其中的一个。

她不假思索地说："是的，我需要。"语气干脆得让他吃惊。她已经从他的双手看出来他是个外科医生，那双手白皙、修长、灵巧，典型的外科医生的手。

那只是一次普通的聚会，他的朋友和她的朋友一扎接一扎地喝啤酒，喧闹得几乎要将屋顶掀开。他和她不约而同地走到阳台上，一人占着一角，从26楼俯瞰广州的万家灯火。毫无疑问，美丽的夜景比屋内那帮吃吃喝喝的朋友更让他们沉醉。扑面而来的风卷起她的裙和发，借着暗淡的灯光，他发现她的脸一下子变得异常生动，舒展如花。这是一个只在夜里绽放的女孩，他想。

第二天，他坐了两个小时的车，敲开她的小屋，递给她一个用处方纸包裹的小东西，展开，是一颗安定。

她按照他的吩咐，换了深色的窗帘，扔了咖啡和茶，喝了一大杯牛奶，然后用白开水吞下那一颗药片。柔和的灯光下，她打开一本闲书，一会儿，书从手中滑落，睡意袭来，她有史以来第一次在半夜十二点前陷入了温暖的睡眠。

翌日，她醒来，看着镜中自己饱满红润的脸，给他打电话："我要一瓶安定。"他来了，却没有带一瓶，只有七颗，用一张处方纸裹着，他说："一天一片，睡眠会自己来找你。"

以后的每个周末，他都会准时出现，递给她一个小包裹。那里面是七颗安定，恒久不变。

开始，他很快就离开，慢慢地，待的时间会长一些。他帮她想办法对付厨房水管里的小飞虫，带她去街头拐角处的一间民房里打游戏，到白云山山顶去吹风，她就像温水里的青蛙，渐渐坠入爱河。

如果你爱上了一个人，请你，请你一定要用尽全力去爱他，不管你们相爱的时光有多短或者多长，若你能尽心地爱，那么，所有的时刻都将如钻石般璀璨，如星辰般永恒。

两年后，他们结婚了。蜜月旅行回来，她突然发现自己已有很多天没吃安定，但照样睡得很香。问他，他才说，给她的那些药片，除了第一颗是安定，其他的都是维生素C。只因每一颗他都做了手脚，她一直都没发现。他做的手脚就是先用小刀磨去"维C"再刻上"安定"。在直径3毫米的药片上动手术，难不倒他这个优秀的外科医生。

她的泪突然滑过他的臂弯，他为她刻写了七百多个"安定"而她竟然不知，为他给她的婚姻，为这世界上最好的"安定"，她幸福得只能用哭来表示。

请记住泰戈尔的名言：相信爱情，即使它给你带来悲哀也要相信爱情。

爱是同心眺望，它联结我们的力量去推动那共同的承担，它使我们手牵着手，一同迈向光明的远方。

爱是属于永恒的，因为永恒就是爱。当我们相爱时，正如触摸到了永恒的衣角。

爱是知道他人关怀自己的一种感受，因此人生将永不孤寂。

爱是奇妙的意识，它使你知道有人分担自己的忧愁；它也使你喜乐丰盛，同时并因另一个人的喜乐使你的快乐倍增。

爱，就是联结了人与万物的神圣的约定，没有它，心灵就永远不会安宁，永远不会歇息，它与我们灵魂之间神秘的感应，唤醒我们心中的精灵去跳一场酣畅淋漓的狂喜之舞，并使神秘的温柔的泪盈满我们的眼睛。

深情热烈地爱一次——也许你会受伤，但这是使人生完整的唯一方法。

为爱人学会做几道拿手菜

当一个女人懂得真爱的时候，她必会为所爱的人学做几道拿手好菜。当她看着心爱的人品尝自己的菜肴的时候，一定会深刻体会平凡生活中爱情的滋味，那是一种鱼香茄子的味道，一生都不需要细诉，却满室生香，让人回味无穷。

有一个女孩最讨厌下厨做饭。她的父亲也不喜欢下厨，可是却喜欢为她的母亲下厨，做鱼香茄子。她不明白，母亲为什么那么喜欢，每次都要吃个底朝天。

一次，女孩子又和男友吵架了，起因就是做饭问题。她懒散地坐在沙发上看电视，男朋友不停眨眼示意她去帮帮厨房里的母亲，她故意视而不见。几个回合后，男朋友忍无可忍，大声责备她："从没见过像你这么懒的人！"她也火冒三丈，一字一顿地回击他："现在你看见了。你后悔还来得及，我告诉你，我就是不做饭，现在不做，以后也不做！"

男朋友正准备拂袖而去，被听到动静从厨房里出来的母亲拉住。

母亲给他们讲了关于鱼香茄子的故事。

那是二十多年前的一个周末，家里要来客人，母亲忙不过来，就叫父亲帮忙递递菜递递碗什么的。千呼万唤，父亲却只应着不挪步，眼睛都不肯从书本上移开一下。油锅一下子着了火，母亲又气又急，手忙脚乱间还把锅打翻了，结果烫伤了脚。

那时，父亲和母亲刚刚结婚。母亲是个很能干的女人，风风火火，不但工作上干得有声有色，而且家务事也样样精通，尤其会烧一手好菜。父亲简直是过着衣来伸手饭来张口的少爷生活。所有人都羡慕父亲，说娶到母亲真是一生的福气。

那次，父亲当时肠子都悔青了。

　　母亲卧床那些日子，突然很爱吃鱼。那时，生活水平那么低，吃鱼吃肉一般是过年过节才有的奢侈。母亲的伤，其实已经花了很多钱，几个朋友那里都已经借遍了。所以，给母亲买过两次鱼以后，捉襟见肘的父亲就只有愧疚和无奈了。

　　大约过了一个星期。父亲在晚饭时兴冲冲端了一盘菜放到母亲面前。母亲吃了一口，说不出是什么鱼，细细咀嚼，发现不是鱼肉，却有鱼的鲜香滋味。父亲得意扬扬地笑："这叫鱼香茄子，味道好吧？"

　　原来，父亲托朋友找了一个食堂大厨拜师学艺。人家本来不肯教的，但他好说歹说，大厨师被感动了，才把这门绝活教给他。家常菜其实是很难做的，考手艺。父亲学了一个星期，才有点眉目。他像献宝一样，不停问母亲："好吃吗？"还说，以后再不袖手旁观了，一定会帮母亲一起做家务活。母亲一边吃，一边掉眼泪，眼泪和着菜，全都是幸福的滋味。

　　故事讲完，母亲擦擦眼角，轻叹一声："一晃也吃了那么多年了。好像还有很多滋味呢。"刚下班进门的父亲也语重心长地说："为一个所爱的人做饭，其实有时候就是一种乐趣。两个人在一起，本来就应该互相体谅和包容。"

　　女孩子终于明白了鱼香茄子的秘密——为所爱的人做菜，本身就是一种幸福。

　　爱情步入婚姻之后，激情日趋平淡，因此有些人认为，婚姻是爱情的坟墓，婚姻是无奈的围城，他们再也享受不到甜蜜的令人向往的爱情。而婚姻里是否真的就没有了爱情？其实不然，包容与信任其实就是爱情的一部分，只是从开始的盲目走入了实际。如果你不爱对方，你又如何可以做到包容与信任，甚至是迁就和体谅？婚姻里也许缺少了那些风花雪月，但却有更实际的关心在其中。

　　如今，随着生活水平的不断提高和生活节奏的不断加快，好多女人都远离了厨房。也有相当一部分女子在择偶时，就先发制人地说，我不会做饭。接着，又问一个问题：你会不会做菜？其实幸福生活大多就在平淡的油盐酱醋中，比如，为所爱的人做几道好菜。因而一个女人要学会做几道菜，要经常下厨，为所爱的人做喜欢的菜，让浓浓爱意在美味佳肴中，天长地久地流淌。

大声说出你的爱

　　爱在我们的生活中，一直在发着讯号——有些是自知的，有些则不自知——这些讯号有的人感觉得到，有的人却感觉不到。如果你感觉到了，不要羞于开口，向你的亲人，对你所爱的人大声地说出你的爱，用这种方式表白自己，等于开启了沟通的大门。不要等待，现在就做吧，这样做也许会改变你的命运。

　　对于情感，我们中国人一向内敛，大多数人不习惯将感谢、关爱放在嘴上，人们表现得坚强、独立、阳刚，好男儿有泪不轻流，有时泪水都珍贵。见面后，只是礼节性地打个招呼，其实在内心深处，我们都关心彼此，但我们都将这种感情藏得好好的，生怕那点温柔显现出来。这是典型的东方爱。父母子女之间、夫妻之间、朋友之间都是含蓄的，他们认为把感情说出来反而会变得很尴尬。

　　其实，人的一生是一个相互关心、关爱的过程。语言的交流显然很重要，因为每个人"爱的需要"被满足是多方面的。不要让别人只是用"猜想"知道你的关爱，而是要让对方时时感受到你的心意，这就要靠你亲口告诉对方。

　　有一对结婚近60年的夫妇，每次妻子切面包时，总是把最后那块给丈夫，有一天丈夫终于忍无可忍，厉声吼道："快60年了，为什么每次切面包的时候，尾部的最后一块总是我的，你怎么不自己吃？"妻子看着平日温和的丈夫如此愤怒，惊呆了，好久之后才小声说道："我以为那块是最好的，我一直喜欢最后一块。"丈夫听完这句话时眼泪已经流满了脸庞。50多年来，妻子一直把自己认为最好的留给丈夫，却从来不说出来，以至于两个人彼此误会了50多年。爱，为什么不说出口呢？

爱，就要打开你的心门，让它自由地流淌，让对方看得到、听得到、感受得到。

一位在纽约任教的老师决定告诉她的高中学生，他们是如何重要，以表达对他们的赞许。她决定采用一种做法，就是将学生逐一叫到讲台上，然后告诉大家这位同学对整个班级和对她的重要性，再给每人一条蓝色缎带，上面以金色的字写着：我是重要的。

然后，那位老师想做一个班上的研究计划，看看这样的行动对一个社区会带来什么样的冲击。她给每个学生三条缎带、三个别针，叫他们出去给别人相同的感谢仪式，然后观察所产生的结果，一个星期后再回到班上报告情况。

一个男孩子到附近的公司去找一位年轻的主管，因他曾经指导自己完成职业规划。那个男孩子将一条蓝色缎带别在他的衬衫上，并且再多给了他两个别针，接着解释说："我们正在作一项研究，我们必须出去把蓝色缎带送给感谢和尊敬的人，再给他们多余的别针，让他们也能对别人完成同样的感谢仪式。下次请告诉我，这么做产生的结果。"

过了几天，这位年轻主管去看他的老板。从某个角度而言，他的老板是个易怒、不太好相处的同事，但极富才华。他向老板表示，十分仰慕他的创作天分，老板听了十分惊讶。这位年轻主管接着要求他接受蓝色缎带，并允许自己亲自帮他别上。一脸吃惊的老板爽快地答应了。

那年轻人将缎带别在老板外套的心脏正上方的位置，并将剩下的别针送给他，然后问他："您是否能帮我个忙，把这缎带也送给您所感谢的人？这是一个男孩子送我的，他正在进行一项研究。我们想让这个感谢仪式延续下去，看看对大家会产生什么样的效果。"

那天晚上，那位老板回到家中，坐在14岁儿子的身旁，告诉他："今天发生了一件不可思议的事。在办公室的时候，有一位年轻的同事告诉我，他十分仰慕我的创作天分，还送我一条蓝色缎带。想想看，他认为我的创作天分如此值得尊敬，甚至将印有'我很重要'的缎带别在我的夹克上，还多送我一个别针，让我送给自己感谢和尊敬的人。当我今晚开车回家时，就开始思索要把别针送给谁呢？我想到了你，你就是我要感谢的人。"

"这些日子以来，我回到家里并没有花许多精力来照顾你、陪你，我真是感到惭愧。有时我会因你的学习成绩不够好、房间太过脏乱而对你大吼大叫。但今晚，我只想坐在这儿，让你知道你对我有多重要，除了你妈妈之外，你是我一生中最重要的人。好孩子，我爱你！"他的孩子听了十分惊讶，他开始呜咽啜泣，最后哭得无法停止，身体一直颤抖。他看着父亲，泪流满面地说："爸，我原本计划明天自杀，我以为你根本不爱我，现在，我想那已经没有必要了。"

学会对你身边的人、你的亲人说出你对他们的爱吧，那远远胜过你的一个眼神，你做的一件事！让你的亲人知道，无论身在何方你都深深地爱着他们，念着他们！一句很简单的话，只要说出来了，它会让你的生命里充满更多的温馨与幸福！

珍藏一件充满感情的物品

比尔·霍顿在《女性世界》里深情地讲述了那条"外婆从天国送来的毯子"：

有一天晚上，我从床上爬起来，蹑手蹑脚地下楼去找外婆，我那时顶多只有7岁。外婆喜欢熬夜看《神医马库斯·威尔比》，有时候我喜欢穿着睡衣偷偷跑下楼去，安静地站在她的椅子后面，这样她就看不到我，我就可以和她一起看电视。可是这天晚上，外婆并没有在看电视。我上楼去找她时，她也不在房间里。

"外婆？"我喊着，年幼的心惊慌得"怦怦"跳。每次当我叫外婆的时候，她总是会回答。后来我想起外婆是跟朋友去旅行了，一下子觉得安心了，可是我的眼中还是有泪水。

我飞快地跑回自己的房间，然后躲进外婆织的阿富汗式毛毯里，这条毯子就跟外婆的怀抱一样舒服而温暖。外婆明天就会回家了，我这样安慰自己。她不会不回来的。

我出生之前，罗斯外婆就跟我们住在一起了：包括我的父母，还有我哥哥格雷戈。我们住在密歇根州的荷兰市，当我读五年级的时候，我们就买了一栋新的大房子。妈妈必须出去工作以偿还抵押贷款。

我有很多的朋友放学回家的时候，家里都没有人，因为他们的父母都在工作。我算是比较幸运的，因为我的外婆总是会在后门等我，她会为我准备一杯牛奶，还有一片刚出炉的厚奶油香蕉面包。

坐在餐桌旁时，我会告诉外婆，今天学校里发生了什么事情，接着我们会玩几局纸牌。外婆总是会让我赢，至少直到我自己真的有能力迎接挑战之前。有时候我在学校也会遇到不愉快的事情，或是跟朋友打架。有时我极想要一辆新的自行车，可是父母却跟我说他们买不起。不管是什么理由，每当我难过的时候，外婆总会将我抱在她的怀里。外婆长得很高大，所以当她拥抱我的时候，我真的觉得很有安全感。这种感觉棒极了。每当外婆将我拥在她的怀里，告诉我一切都会没事时，我都会相信她所说的话。

可是，我17岁那年，事情却不妙了。外婆的心脏病发作，医生说她可能永远也不会好，所以不能回家了。

从前有无数个夜晚，我听着外婆在隔壁房间低声祷告的声音，她不断地向上帝提到我的名字，我就在她的祷告声中睡去。那天晚上轮到我自己跟上帝说话了，我告诉他，我非常爱外婆，乞求他不要将外婆从我的身边带走。"你可不可以等到我不再需要她的时候，再将她带走？"我出于年轻人的自私心理这么问，仿佛真的有一天我会不再需要外婆似的。

几个星期后，外婆就去世了。那天晚上，还有接下来的好几个晚上，我都在哭泣中睡去。有一天早上，我小心地把外婆织的阿富汗毯折起来拿给妈妈，我哭哭啼啼地跟她说："这条毯子让我觉得自己跟外婆很亲近，可是我又不能跟她说话，也不能拥抱她，这让我受不了。"妈妈把毯子收起来妥善保管，直到今天，这条毯子还是我最珍贵的物品之一。

我非常想念外婆。我想念她愉快的笑声，还有她充满智慧的温和话语。虽然我高中毕业的时候，她没能和我一同庆祝，我和卡拉结婚的时候，她也不在场。可是后来发生了一件事，让我知道外婆从来也没有离开过我，她在默默地守护着我。

卡拉和我搬到阿肯色州的巴黎市后的几个星期，我们便得知卡拉已经怀孕了。不过她的怀孕情况很不理想，带有严重的并发症。我们花了许多时间待在医院里，结果卡拉生产前的几个星期，我就被炒鱿鱼了。

卡拉快要生产的时候并发了毒血症，我们的儿子要出生的那一天，医生不让我进产房，因为他们担心卡拉和小孩都有生命危险。我在候诊室里来回地走着，小孩的生命迹象骤然下降，而卡拉的血压迅速升高，我不断地祈祷着。我的父母正在南下密歇根州的路上！他们还没有到，我从来不曾感到如此无助与孤单。

忽然，我感觉到外婆将我拥在她的怀里。"一切都会没事的。"我几乎可以听到她这么说。可是外婆来也匆匆，去也匆匆。

与此同时，在隔壁的房间里，医生完成了C阶段的急救步骤。我们的儿子出生之后，他的心跳愈来愈强，也愈来愈稳定。几分钟之后，卡拉的血压开始下降，她很快也脱险了。

"外婆，谢谢你。"我一面低声说，一面凝视着育儿室里那个漂亮的新生儿，我们给他取名为克里斯汀。"我真希望你可以在这里，把你所给我的爱与智慧也分一半给我的儿子。"

两个星期后的一个下午，我和卡拉在家跟克里斯汀玩的时候，有人敲门。一个送货员拿着一个包裹——是给克里斯汀的礼物。

盒子上面写着"给一个很特别的曾孙子"。包裹内是一条很漂亮的手织婴儿毯，还有一双婴儿鞋。读了卡片之后，我的眼里充满了泪水。

"我知道当你出生的时候，我已经不在人世间了。我拜托别人为你织了这条毯子。鞋子则是我出发到天国去旅行前所做的。"卡片署名："曾外婆"。

外婆临终前的眼力变得非常不好，她请我的阿姨珍妮特帮忙织了那条毯子。可是她却努力地独自做好那双鞋子，这是她在死前的短短几个星期里完成的。

生命中有些东西是我们应该立即丢弃的，以便我们轻装前行。但有些物品，牵动着你美好的记忆，承载着你的情感，是你应该永远保留的：令你美丽的衣裳、你11岁时写的日记、 老祖母送你的一条缎带、初恋时的记忆，以及一段经过重大波折的友谊……把爱仔细地收藏起来，你将不枉此生。当然并不是每个人珍藏的物品都要价值连城，只要它能牵动你的记忆，承载着你的情感，那么就是你应该永远珍藏的。

我们也许无法计算自己使用过或拥有过的物品，但总有那么几样东西牵动着记忆；我们也许无法理解别人的馈赠，然而历经周折，却始终不忍丢弃那些"宝物"。触景生情，睹物思人，人生的珍藏不外乎一个"情"字。

把爱仔细地收藏起来吧，这种浓浓的温暖将会伴你一生的旅程。

铭记每一个纪念日

这是我们的纪念日

纪念我们开始对自己诚实

愿意为深爱的人

放弃骄傲

说少了你生活淡的没有味道

这是美丽的纪念日

纪念我们能重新认识一次

有些事要流过泪才看的到

不求完美爱的更远

要过的更好

《我们的纪念日》——范玮琪

从相识到相爱，有多少个纪念日。时光流转，忘记了我们是在哪个美丽或是平淡的日子相遇了，甚至记不起哪天答应他做他的爱人了。如果此刻你的脑海中不能清晰地记起这些有着特殊意义的日子了，就和爱人一起好好回忆一下吧。也许在你发黄的日记本里，记录着那天你不同以往的心情。你羞涩地写下，这天，我成为他的爱人。

其实，当你走过这段恋爱的岁月，你会发现，恋人之间相处的每一天都是纪念日。如果，这份爱情最终的结果是把你们变成了最熟悉的陌生人，那么之前相处的每一天都是不可能再重演的限量版。你试图忘记，可是在挣扎了很久之后才发现，那些日子已经印在你的生命里，难以抹去。如果这份爱情的结果是让你们牵手走进教堂，那么之前相处的每一天就是甜蜜生活的前奏。

　　那天，他第一次牵你的手，你羞红的脸上还是掩饰不住幸福的颜色。这是你们的纪念日，纪念你们此生的第一次牵手，也许就注定了一辈子的相守。那天也许不是情人节，但这个节日是专属于你们两人的。当你们徐徐老矣，坐在摇椅上回想那年轻时的美好时光，是不是都会有一种甜蜜涌上心头呢。你们一路走来，也许曾经吵架要分手，可是，那些也只是生活中的小插曲。你还记得结婚那天你有怎样激动的心情，当他牵着你的手的那一刻，你的心才不再忐忑。

　　执子之手，与子偕老，我认为这是世界上最动听的情话。在牵手那一瞬间，在他心里就认定了是要和你一起终老的。如果爱情不是济世良药，但它至少是一片阿司匹林。在生命中经历一段恬静幸福的爱情是如此幸运。

　　如果曾经爱过，就算最后没有结果，也要铭记爱情里的美好。如果相守一生，那就请你郑重地铭记每一天，每一个纪念日。

在冬天到来之前，为他织一条围巾

她静静地在时光里编织
关于爱情
关于生命

她不曾想过什么
她只是需要我温暖
而幸福

她的眼里是平静的
宛如母亲般
我接过那条围巾
在她伸出的白皙的双手上
趁便握紧了她的手
拥了入怀

静静地
雪花在外面飘零
成绝美的风景

我说
我们就生活在这洁白的围巾裹着的圈里吧

你不要担心
那个圈在某一天破旧
而裂了口

我看着你
我爱的人
用了我无限的乞求

北方的冬季，总是冷得让人难以承受。决定在冬季到来之前，为他织一条围巾。现在的女孩儿，基本上都不会亲手去织围巾或是毛衣了吧。去商店买成品又省事还好看，只是少了一些暖暖的人情味在里面。去专门卖毛线的商店里，挑选质地柔软的毛线，店主会手把手地教你织法，当然网络上也有很多关于织法的视频，选择自己喜欢的样式，慢慢地学来，这过程也充满了趣味。

今年商店里卖的围巾大都是元宝针的样子，买完毛线，就决定学习元宝针的织法了。看似复杂的织法在别人的讲解下，也没有那么复杂了。学会以后就开始动手织围巾了。手里的毛线越来越少，想着他戴上这条围巾帅气的样子，心里真的是满满的幸福呢。

虽然买的围巾样子更漂亮一点，但是在男人的心里，还是希望能收到一条你亲手织的围巾吧。他也许会不舍得戴上，他会高兴地在朋友面前一遍遍地说，这是你亲手织的围巾。虽然不在他的身边，虽然不能在寒风凛冽的日子和他牵手，不能在雪花飞扬的日子里和他一起漫步，但是有条围巾陪着他，就如同有你在身边一样，心里暖暖的。

不论是恋人之间，还是夫妻之间，都需要贴心的关怀。不要因为结婚了，就不再像恋爱时那样浪漫和贴心了。夫妻之间，更需要多一点的关怀来维持婚姻的质量。你为他织一条围巾，他会想起你们恋爱时，他第一次收到你织的围巾时兴奋的样子。他也会在情人节买大束的玫瑰藏在身后，给你一个惊喜。

为他织一条围巾吧，也许他会给你一辈子的相守。他希望你亲手织的围巾能在他生命里所有的冬天温暖他。就算以后还是分开了，他也不会舍得丢掉那条围巾，他会在心底，时刻记着你的好，他会在某个失眠的夜晚，想念那时的你。我们无力决定结局，只能把握现在。为你认为会和你一起走的人织一条围巾吧，也许样式老土，针脚别扭。

看过一篇文章，男人说，你能为我织一条围巾吗？不是从商店里买的，是你亲手织的。不需要太多，只需要一条就够了，让我知道你有多爱我。能给我织一条围巾吗？不管你织的有多烂，只要是你诚心织出来的就好。你能给我织一条围巾吗？让我以后看到它就如同看到你一样。能给我织一条围巾吗？看惯了日出日落，体验了人生的酸甜苦辣，我只想要这片刻的温暖。每当日暮降临，每当北风凛冽，除了对人生的疲惫之外，我更想要的是一条围巾的缠绕。

为他织一条围巾吧，让他知道你的好，从此，免他孤独，免他寒冷。为他织一条围巾吧，爱为线，心为针，缠绕千百遍，生死相依。

称呼对方的昵称或小名

称呼，常常是两人感情的传导器，每对恋人都希望从对方那里听到对自己的爱称、昵称或其他亲热的称呼。

简单的一句称呼，它是度量人际关系远近的一把尺子。异性间的爱情关系是人类最自然、最密切的关系。恋人间的称呼能反映出两人世界的微妙关系。

首先，称呼的变化标志着"爱情浓度"的变化。青年男女由相识到相知，进而发展到相亲相爱，是有其自然的发展过程的。这种发展过程不仅可以从双方眼神飞顾流盼的暗示中看出，而且双方的称呼的变化也会将爱情的秘密泄露出来。

比方说有一个姑娘爱上一个叫王志平的小伙子。一开始她随大家叫他"王志平"，直呼其名，看不出多少感情色彩。随着双方感情加深，她当众叫他"志平"，省去姓氏，就显出他们的关系非同一般。再发展一步，她只喊一声"平"，就叫小伙子心荡神摇了。这几次称呼的变化，都意味着爱情的升华，显示出恋人间的心理距离在不断缩短。

因主演电视连续剧而风靡全国的青年演员林芳兵，她的恋爱、婚姻颇富戏剧性。她曾戏称自己的丈夫——原沈阳音乐学院指挥作曲系才子李凌是"第三者"。

20世纪80年代初，林芳兵去长影拍《幽谷恋歌》邂逅李凌。以后李凌常以去电影学院找校友——林芳兵师姐亚威的名义来找林芳兵，而林芳兵对李凌总存有某种戒备。

后来，两人分别都到了北京。李凌常去电影学院找芳兵，芳兵也有时来李凌家"礼节性回访"。一来二去，芳兵对李凌产生一种亲切感，将

"李凌同志"改称"李凌大哥"。几年后，两人终成眷属，"第三者"成了"第二者"。

而最能显示情人间的浓厚感情和亲密关系的，就是恋人之间的昵称了。恋人间的昵称千姿百态，因人而异，但是它们都有很高的隐蔽性，一般在私下场合才用。如英语里的Honey（甜心）、Darling（亲爱的）、中国的"我的心肝"、"宝贝"等，这些昵称已成为恋人们的"专利品"，只有他们才会体味到这一声声昵称里包含了多少蜜意柔情。

恋人、夫妻间拥有适当的昵称，实在可以使彼此增加几许柔情蜜意，切不可因一时的疏忽，而错过了表达自己深情的机会。

一名男子出差办完了事，买好回家的飞机票后，就到邮局给妻子发电报。他拟好电文，交给女职员后，说："请算算要多少钱？"对方讲了钱数，他点了点自己的钱，发现不够。"把'亲爱的'这几个字从电文中去掉吧。"他说，"这样钱就够了。""别这样。"那姑娘同时打开自己的手提包，掏出钱来，说，"我来为'亲爱的'这几个字付钱好了，做妻子的极想从丈夫那儿得到这几个字眼儿呢！"

可我们有些青年人没有注意这点。他对心上人的称呼越来越简短，初交时叫"王小丽同志"，成为熟人时叫"王小丽"，成朋友了叫"小丽"，热恋时叫"丽"，可一结婚，就干脆把这个字也免了。"欸，你来一下"，"欸，……"叫人听了真不舒服，显然将影响两个人的关系。

这天，陪老婆到一家盲人中医按摩店按摩。

听到我们的声音，前来开门的是位男的，也就是这家店的按摩师。进到这家家庭式按摩店，我看到客厅里除了两张按摩床外，就是一张吃饭用的矮方桌，如此而已。而上面的一切什物却摆放得井井有条，一丝不乱。

老婆在做腰部按摩，我拿着一本杂志正要找凳子坐下，男的好像意识到了什么，赶紧招呼道："小妞，给客人搬个凳子。""不用，不用。别麻烦孩子了。"我客气地说。里屋应声出来的，看上去和男的年龄差不多，也是50多岁的样子，也是位盲人，显然是他的老婆。"不……不好意思……我不知道。"我连忙上前去接过她手中的凳子，歉意地说。"这个老头，有客人了，还小妞小妞地喊。"她转身一边摸索着去拿方桌上的暖瓶倒水，一边笑着嗔怪道。"30多年习惯了，改不了了。"男的话语中含着笑。

男的很健谈，谈起他们的过去，生活中仿佛处处鸟语花香，女的似乎也并不否认，时不时"嗯"着、回应着，或者微笑着、点着头。

从男的谈话中得知，他们儿女双全，男孩在广州打工，时常牵挂着父母，给家里寄些钱；女孩在上大学，每周都要打电话回来问寒问暖。

"其实，我俩用不着孩子们操心。"男的一副心满意足的样子，乐呵呵地说，"虽然不像原来在大院出入那么方便，但自从拆迁安置在这三楼上，生意还不错，完全能养活自己。只是，小妞爱听戏，不能像以前能到小游园去听戏了。"

一个多小时的按摩结束了，其间男的每一句话里都离不开"小妞"，那声调，那语气，醇厚自然，甜甜的，散发着质朴的爱，浸透着无限的情。我也似乎忘记了看杂志，感动着。

回家的路上，老婆却对我不住地埋怨道："看人家两口子，都那般年龄了，还……看你，对我总是提名带姓的，没有一点情调。"

老婆这么一说，我才发觉对老婆的称呼已不知什么时候改变了。

谈恋爱的时候，我喜欢叫她"乖"。一封封情书里，一个个"乖"称，甚至比王羲之《兰亭序》中的"之"字还多。即使结了婚，还"乖，乖"地叫着。

我想起来了，应该是有了女儿之后，我就把"乖"给女儿了。还有，在女儿面前，我再没有拥抱过老婆。一次，我临上班，老婆非要我吻她一下，我慌忙转脸看看四岁多的女儿，正经地说："孩子都懂事了，别这样，多不好。"说完，带门而去，完全没有理会那一刻老婆的心情。

中国的夫妻是不是都这样，在婚姻里渐渐失去了对对方表达甜情蜜意的勇气？在烟火和孩子的尿片中，一天天连称呼也变得乏味了？婚前，我们彼此叫得花枝乱颤，把对方宝贝似的宠着，乖一样地哄着，幸福得不得了。婚后呢？哄到手了，他（她）也就失宠了。

婚姻很淡，称呼要甜。婚姻犹如一杯白开水，时间长了，谁喝谁都会觉得寡淡无味。而称呼，就是你我心中的那块必不可少的糖，要不时地往我们婚姻的白开水里放一块，必要时端起来摇一摇，相信一定会看到我们期待中的天长地久。

牵着爱人的手，步入婚姻殿堂

　　韩娟和男友相识在别人的生日舞会上，目光碰上后就不再分开。

　　一贯沉稳的她几乎不相信，都已经27岁了，还会这么疯狂地爱一个人："那天看见他笑嘻嘻地抱来一束玫瑰花的时候，我都快昏过去了——我们认识才4个月；但彼此都觉得，分开的每一分钟都很想念对方。到了这种时候，结婚似乎是顺理成章的选择。"

　　于是他们开始开单身证明、办结婚证，从此，像如愿以偿的王子和公主，过着快乐的生活……

　　不同的爱情，就像不同的植物，所需要的阳光和水分都不一样，搭配的土壤和养分也不尽相同。

　　一直被"五百棵树的爱情"的故事感动不已。

　　他黑，丑，一口的黄牙，她比他小20岁，30岁的她如花一般，虽说要开败了，可还美丽着。她有一种上当的感觉，但是想回头，已经没有退路了。

　　然而，就是这样一个男人，让她深切体会到了什么是爱情。

　　结婚之后男人很宠她。隔三岔五给她买些小玩意儿来，一盒粉饼、一支口红、几串荔枝……长到30岁，她从来没有使过这些东西，更不用说吃荔枝。她觉得自己比帝王的妃子还要幸福。吃荔枝的时候男人却不吃，只是傻傻地看着她吃。她让他："你也吃。"他说："我不爱吃那东西，看你吃我就高兴。"后来她上街，一问吓了一跳，荔枝竟然20元一斤。她一下子就流泪了，他怎么可能不爱吃荔枝？他是舍不得吃呀。

　　她更加疼他，晚上回来做好热乎乎的晚饭等他。冬天的时候男人在街上冻一天都冻透了，女人就把男人的脚放到自己怀中暖着，直到男人身体不再僵硬为止。男人很知足地说是上辈子修来的福才会娶上她，自己为什么到50还没结婚？等她呢。女人听了心花怒放。

有一天，男人对女人说："总有一天我要走在你前面。"女人就哭了，说："那我和你一起去。"男人说："那我会生气的。咱们现在的钱还不多，我们再挣几年，给你养老应该没有问题。还有，我给你在一块地里种了五百棵树。等有一天我去了你也不能动了，那五百棵树也长大了，我相信那五百棵树就能养活你了！"

女人扑到男人怀里就哭了。五百棵树，那只是五百棵树吗？这一辈子没有人这么替她想过，男人甚至给她想到了养老，她觉得这辈子真是值了。

两年后，他们有了个儿子，儿子的名字叫幸福。

有爱的婚姻才能结出一种叫做"幸福"的果实。

选一个适合自己的人来爱，双方都会活得轻松自在，爱得幸福愉快。

所谓适合自己的人，绝对不会是最完美的或条件最好的人，但却是最能分享人生远景、并且随时有行动力的人。

人生的花圃，不一定要有满园的玫瑰，才会色彩缤纷、处处飘香。别把自己的幸福，设定成为和别人一样标准化的图像。

在你走进婚姻殿堂之前，请想清楚，你的婚姻目的是不是幸福，如果是，你就不要把婚姻当做权力与金钱的工具。"每一个幸福的女人身边，都有一个真正的男人。"只有一个真正爱你的男人，才会宠你疼你，才会给你带来幸福。

请不要轻易答应成功男人的求婚。他们无疑是杰出的，但是真正成功的男人只有两种。一种是天才，另一种是工作狂。但无论是哪一种，他们都已经有了一种傲性。他也许真的爱你，也许他爱你超过了其他任何一个女人，但是他的爱可能比起别人给你的爱要少一些。如果你不是太在乎安逸的生活，那么面对汽车洋房的诱惑时，就要勇敢地说"不"！因为财产可以得而复失、失而复得，但是婚姻不行。

也尽量不要用诡计把男人骗上婚姻这条渡船，除非你真的有能力把握他的一生。否则不管他再怎么英俊潇洒、才貌出众，也要让他自愿向你求婚。男人的力量总是女人所无法比拟的，也许一时之间他会被你算计，但是当他反噬的时候，你会觉得生不如死。

　　没有什么绝对好或者绝对不好的人，适合你的人，才是你要的人。如果你真的要结婚，就请挽住一个真正爱你的人的手臂。当然，最理想的是：和你并肩走入礼堂的，是一位你爱而且是爱你的白马王子。

一起做家务

在你们的家里，是你做家务呢，还是他？不过应该大部分都是女的做家务吧。但是两人一样都要上班，回来还要面对家里的琐碎小事，难免会产生矛盾。可是家务又不得不做，那该怎么办呢？

那么何不两个人一起做家务呢？两个人上了一天的班，也没有时间运动一下。就把做家务当做一项新的运动吧。就从现在开始吧，首先回到家里，可能看到的是早上匆忙上班而来不及整理的餐具或是丢在床边的昨晚换洗掉的衣服。也许还有其他更多的家务活等着我们去做呢，不过先把我们看到的收拾一下吧，一个人可以去收拾餐具，另一个人把衣服放进洗衣机里洗。然后趁洗衣机转动的空隙，和爱人一起到厨房里收拾残局吧。等到衣服洗好后，一起去晾晒衣物，身强力壮的老公负责晾衣服，而老婆就给老公递衣架或衣服吧。

在做家务的空隙可以放着两人都爱听的音乐，这样会使我们干得更有劲，兴头儿上也可以拿扫把当吉他弹哦。两人也可以一边谈论一天的生活和工作一边干活。不知不觉说不定已经把家务干完了呢。如果越干越觉得家务活太多了，那么当你累了就停下来休息吧，把其余的留到明天或周末的时候做吧。当停下来的时候你会发现自己出了一层薄薄的汗。这时候冲一个热水澡，特别酣畅淋漓。

要是平常太忙了，那么可以等到周末的时候和自己的爱人一起做家务。两人先从一件一件家务做起来，可以先把要洗的衣服整理出来放到洗衣机里进行清洗，如果是晴朗的天气就把被子晒到阳台上去吧。然后开始打扫卫生吧，从卧室开始，清理你的床铺和柜子，还有各个角落和卫生死角也不能放过哦。再是客厅、书房等等，最后清理最容易"藏污纳垢"的厨房。然后看看焕然一新的房间，是不是很有成就感啊，而且是两个人合作的成果更是别有一番甜蜜滋味。这时候再看看双方筋疲力尽的样子和彼此的大花脸，更是别有一番情趣。也是时候该去给自己来个大清洗了哦。而当晚你们一起躺在充满阳光味道的被褥上的时候，是不是感觉很满足呢？

如果干完一切家务后你们还是很有精力的话，也可以尝试着把家里常年不变的摆设调一下位置。比如把餐桌换一下方向了，或是换一个更漂亮的桌布或另一种风格的餐具，也可以把卧室弄得更加温馨和浪漫一些，具体还有什么样的尝试，自己动手做一下吧。

一个人做家务的时候可能会感到无聊或劳累，我们何不妨和爱人一起做家务呢？一起去创造和发现生活中点点滴滴的快乐。还不赶快行动起来，让自己的生活充满更多的乐趣。

称赞伴侣的迷人之处

请不要忘记随时随地称赞伴侣的迷人之处。人们都说两个人在一起相处的时间长了就会有审美疲劳，婚姻也会出现"七年之痒"的危机。如果你们的婚姻还是处在刚刚开始的甜蜜阶段，那自不必为这个担忧。不过请不要忘记，时刻称赞伴侣的迷人之处。要把他／她的迷人之处大大方方地告诉对方，让他／她能感觉到你是爱他／她的。

假如你们的婚姻正处在七年之痒的阶段，你发现两个人之间的话越来越少，长时间的相处让你们对彼此十分了解，几乎不用对话只要一个眼神就能知道对方想要什么。他不再像以前那样把你捧在手心，甚至动不动就会对你大吼大叫；你也不像刚结婚时小鸟依人，百依百顺。他晚上和同事喝酒很晚才回家，你不再像刚结婚时那样打电话叮嘱他少喝酒，那样对身体不好，因为你已经习惯了他醉醺醺地回家。

想要改变这样的生活状态，就要重新发现对方的美。他比你们刚认识的时候成熟稳重了。她也比以前多了一份风韵少了一些稚嫩。也许在你用心观察之后就会发现原来他还那样地吸引你。

这可能是极琐碎而又重大的事，可能是她偶尔才做的事，或她经常在做的事。重要的是，你的丈夫、太太或伴侣，知道你在看他或她，知道你真的注意到他或她在做些什么，知道你很想让他或她知道你的观察，并让他或她明白你的爱意和欣赏。

如果你多注意的话，你会发现你的伴侣有无数迷人的特质，当你的太太想到什么新点子时，她的双眼是否亮得像星星？当她早上站在衣橱前面挑衣服，左边屁股歪向一边，右手小心地放在脸颊上，满脸专心一意时，你是否在有趣地看着她？把这些都告诉她，跟她说看她那样子，你有什么感觉，你想起什么，为什么你觉得那么愉快。

你的丈夫呢？看他在调理晚餐好像指挥家在带一个交响乐团似的，你是否觉得可爱极了？让他知道你自己沉浸在每一个细节里。告诉他当你拥有的每一个碗、锅、盘都被用过之后，厨房显得多迷人，而他在摆放餐具时，又多么辛苦。告诉他，当你看他埋首于《美食食谱》，把它当成《战争与和平》似的，当他专心到极点、皱紧眉头、设法决定用哪些香料，或决定要不要依食谱行事时，你有什么感觉。

让伴侣知道你喜欢他或她的什么，对你也有好处。让自己注意到伴侣身上那些让你觉得愉快、刺激的事，就等于保证他还会继续做这些事，而且可能更常做。因为你表达了自己的喜悦，于是，更确定自己喜欢的事。这种做法对大人和小孩都同样管用。任何年龄的人都会设法发挥被人注意到的特质。而且，告诉某个人你喜欢他或她的那一点，比专注在你不喜欢的部分好多了。

所以，说出伴侣的优点，即使这些优点是你早就欣赏，但30多年来都从未提过的。称赞你终生伴侣的迷人之处，永远也不会晚。

实现一个浪漫的梦想

你能想到的最浪漫的事是什么？是和爱人共享烛光晚餐，还是在夕阳的余晖中漫步于海滨，或者像徐志摩一样，潇洒地走过万水千山，不带走一片云彩？你一定幻想过很多浪漫的片段，只是在潜意识里，你把浪漫束之高阁了。千万不要以为浪漫离自己很遥远，只是那些文雅之士的专利，浪漫是生活中最美妙的插曲，它属于你，也属于我。比起理想、才华、财富等事情，浪漫更容易实现，不是吗？那么还犹豫什么呢？用尽全力地浪漫一回吧，你将从中得到无限的快乐。

自从意识到自己身患这种"不治之症"后，我便默默地接受了这个事实。这期间，我未曾有过一丝挣扎。

因为我深信，浪漫无罪！

为它而死，死而无憾。

之所以用这样黑色的口吻来诉说"浪漫"一事，吐露的无非是一种无奈的伤感———种不为世人所容的慨叹。

曾经，当你我都更年轻、更单纯且涉世未深之时，生命里涌动着无比的热情，任何不经意的挥洒，都可能成就出一幅动人的、属于自己的图案，且从此，这张色彩浪漫的影像便会不时插播于脑海之中，及时拉起自己此刻沉沦的心情，乘着记忆的翅膀，飞向浪漫的从前……

或许那是个曦微初露的清晨——你不屈不挠地踏遍了家及学校附近的所有花店，只为寻找一束深具"离别"意味的黄玫瑰，要把它交至即将远行的友人手中，希望她/他握着你的祝福，别后的日子能更顺利。

或许那个小雨淅沥的午后——你睥睨着身旁拥挤于一把小伞下，结果却还是都湿了半个身子的三四个人，耸肩摇头："没伞又如何？"遂兀自蹬着你心爱的坐骑，漫行雨中，一面哼着"Rain drops keep falling on my head"这首轻松小调，一面还不忘示范《虎豹小霸王》一片中保罗·纽曼表演过的单车特技。

更可能那个凉风轻拂的夜晚——你裹着一件单薄的衣衫，瑟缩在泛着草香的平野上、星空下，仰首等待着一颗流星的经过，贪婪地要向它倾吐心底的夙愿，急切地要为心爱的家人、好友祈福……直到眼也花了，脖子也酸了，发也乱了……

最后，人也老了。心灵不再易感，行为不再洒脱。同样飘在天上的白云，落到地下的黄叶，此刻，却再也无法让你心中有一丝触动与惊喜：你是真的老了！

老了，是因为浪漫的殇逝。你无法再坚持这种所谓"不切实际"的"年少"情怀，"他们"总是絮絮叨叨地劝你要把精神心力放在"名、利、权"的争逐上，而你也隐约感到这三者之于你的诱惑越来越难以抗拒……

终于有一天，你清楚地意识到自己已变成一个不折不扣的叛徒，"浪漫主义"这个曾经一度令你倾命相随的信仰，如今也只能偶尔在心境难得澄明的午夜时刻轻轻撩拨你那根锈而未朽的心弦，下意识唱出的还是那首熟悉的调子，虽然走了音却依然令人心动。

留下寂寞的我等——浪漫而不悔。但其实，谁又知道我们还能坚持多久？说不定，到头来我也是逃兵一个！

有人说，巴黎女人是最懂浪漫的。巴黎女人的浪漫并不仅表现在香奈儿5号的味觉感官上，也不仅表现为在香榭丽舍大街的法国梧桐下与情侣漫步，更多浪漫的细节是：清凉如水的夜里，别墅灯火辉煌，穿一袭曳地黑色长裙，披一件华美披肩的美丽冷艳女人的出现，女人的红唇呷着淡黄色的香槟，眼睛却随处一扫，间或放下高脚杯，去浅尝鹅肝酱和刚出炉的面包，那种难以言表的精致细腻的浪漫，直把人的每个神经末梢都熨烫舒展。你可以从巴黎女人那里感受浪漫，但无法复制浪漫。曳地黑色长裙不是浪漫，香槟也不是浪漫，巴黎女人的浪漫绝妙在随性，她们把浪漫当成很平常的一件事，一点儿也不刻意。所以，浪漫是由心而生的，不必刻意追求形式，有一颗浪漫的心，你便是浪漫之人。